U0482563

"十三五"国家重点图书出版规划项目

科学博物馆学丛书
吴国盛 主编

[英]蒂姆·考尔顿(Tim Caulton) 著　高秋芳 唐丽娟 译

动手型展览

管理互动博物馆与科学中心

HANDS-ON EXHIBITIONS
MANAGING INTERACTIVE MUSEUMS
AND SCIENCE CENTRES

北京师范大学出版集团
北京师范大学出版社

总 序

博物馆是现代性的见证者，也是生产者。它在展示现代社会诸事业之成就的同时，也为它们提供合法性辩护。因此，博物馆不是一种文化点缀，而是为时代精神树碑立传；不只是收藏和展示文物，也在塑造当下的文化风尚；不是一种肤浅的休闲娱乐场所，而是有着深刻的内涵。博物馆值得认真研究。

博物馆起源于现代欧洲，并随着现代性的扩张传到现代中国。博物馆林林总总，但数量最多、历史最久的那些博物馆大体可以分成艺术博物馆(Art Museum)、历史博物馆(History Museum)和科学博物馆(Science Museum)三大类别。本丛书的研究对象是科学博物馆。

广义的科学博物馆包括自然博物馆(Natural History Museum)、科学工业博物馆(Museum of Science and Industry)、科学中心(Science Center)三种类型，狭义的科学博物馆往往专指其中的第二类即科学工业博物馆。自然博物馆收藏展陈自然物品，特别是动物标本、植物标本和矿物标本；科学工业博物馆收藏展陈人工制品，特别是科学实验仪器、技术发明、工业设施；科学中心（在中国称"科技馆"）通常没有收藏，展出的是互动展品，观众通过动手操作以体验科学原理和技术过程。

三大类别的科学博物馆既是历时的又是共时的。"历时的"，是指历史上先后出现——自然博物馆出现在十七八世纪，科学工业博物馆出现在 19 世纪，科学中心出现在 20 世纪。"共时的"，是指后者并不取代前者，而是同时并存。它们各有所长、相互补充、相互借鉴、相互渗透。比如，今天的自然博物馆和科学工业博物馆都大量采纳科学中心的互动体验方法来布展，改变了传统上观众被动参与的模式。

中国的博物馆是西学东渐的结果。与其他类型的博物馆相比，中国的科技类博物馆起步最晚。中国科学技术馆于1958年开始筹建，直到1988年才完成一期工程。近十多年来，随着国家经济实力的增长，国内的科技馆事业进入了高速发展时期。截至2018年年底，已经或即将建成的建筑面积超过3万平方米的特大型科技馆共19家；所有省级行政中心都已经拥有自己的科技馆。由于政府财政资助，多数科技馆免费开放，也激活了公众的参观热情。

然而，与科技馆建设和发展的热潮相比，理论研究似乎严重不足。对什么是科技馆、应该如何发展科技馆等基本问题，我们缺乏足够的理论反思和学术研究。比如，我们尚未意识到，中国科学博物馆的发展跳过了科学工业博物馆这个环节，直接走向科学中心类型。缺乏科学工业博物馆这个环节，可能使我们忽视科学技术的历史维度和人文维度，单纯关注它的技术维度。再比如，如何最大程度地发挥"科学中心"的展教功能，我们缺乏学理支持，只有一些经验感悟；至于"科学中心"的局限性，则整体上缺少反思。基本的理论问题没有达成共识，甚至处在无意识状态，我们的发展就有盲目的危险。在大力建设科学博物馆的同时，开展科学博物馆学研究势在必行。

本丛书将系统翻译引进发达国家关于科学博物馆的研究性著作，对自然博物馆、科学工业博物馆、科学中心三种博物馆类型的历史由来、社会背景、哲学意义、组织结构、展教功能、管理运营等多个方面进行理论总结，以推进我国自己的科学博物馆学研究。欢迎业内同行和广大读者不吝赐教，帮助我们出好这套丛书。

吴国盛
2019年1月于清华新斋

本书说明

近十年来①互动展示的发展已改变了传统的博物馆界。观众们已不再满足于静静地凝望陈列在玻璃柜子里价值不菲的藏品了——他们期待能有动手操作这些展品的经验，积极主动参与到展览中去，同时在娱乐中非正式地学习。动手型博物馆和科学中心成为重新定位自己社会角色的博物馆之突出典范，竭力让观众接触实物实象，从而吸引更多的观众。

近年来，为了争取公众的参观时间和相关花费，博物馆已经在休闲产业的所有分支领域与竞品展开了激烈的竞争，从商业性主题公园到零售商店乃至家庭娱乐设施。这种竞争态势使传统稳定的博物馆也开始紧张，不得不评估博物馆的经济效益。动手型展览方式吸引更多的观众，从而能带来额外的经济收益，这在公共财政补贴不断减少的时代显得尤为重要。

蒂姆·考尔顿（Tim Caulton）考察了如何策划和运行有效的展览，从而通过动手的途径达到教育的目的。他总结说，动手型博物馆与科学中心能获得长足成功的关键取决于展品的设计、评估、运营、市场、财务与人力资源管理等方方面面。《动手型展览》一书为博物馆以及相关专业的学生提供了一本切实可行的指南。

蒂姆·考尔顿从事博物馆的发展与管理事业已十五年有余。他是位于英国哈利法克斯的尤里卡儿童博物馆的创办者之一。他还参与了众多新博物馆的建设以及在谢菲尔德大学的讲座。

---

① 指作者写就书籍的前十年，大概是 1988—1998 年。——译者注

前　言

最近几十年，休闲产业发展的最大特点是动手型博物馆与科学中心的增长，现今几乎每一个新开办的展览都要吸纳与观众互动的展览元素。作为一个20世纪80年代在工业博物馆工作过的展教官员，我持续地致力于处理如何将博物馆学校展区成千上万学龄儿童非常流行但又劳动密集的金属塑形活动，变成对所有公众开放的互动体验的问题。除了每天都要对公众开放之外，还要确保环境的安全。我们必须寻求可以让公众参与的途径，而不是让他们仅仅被动地看。1984年一次参观伦敦科学博物馆"试验台"(Test Bed)展区的经历给了我进一步启发，博物馆教室的活动变得愈加突出，动手型学习实际取代说教式讲解。那时我对展品评估还未深入了解，而那个时候将博物馆服务人员变成解说员这件事也如同拿到活动经费那样遥不可及。1988年，我参与将发现屋(Discovery Domes)带到谢菲尔德的国内启动，次年便拿到了公众理解科学委员会(Committee on the Public Understanding of Science，COPUS)的资助，在英国科学促进会在谢菲尔德的年会之后在博物馆里策划了一个临时的动手型展览。尽管政府不断削减在博物馆上的开支，但博物馆理事会还是很支持动手型展览工作，凯勒姆岛博物馆(Kelham Island Museum)的动手型展览便是实现的第一步。

1990年，我有幸被指派为尤里卡儿童博物馆教育与解说部门(Education and Interpretation)的主管。尤里卡儿童博物馆是一个位于哈利法克斯市的儿童博物馆，这是我第一次被推动走向动手型运动的第一线。三年来尤里卡儿童博物馆提供了一个富有挑战性的训练基地，我参与了其中所有展示内容的策划，并负责员工招聘和培训，以及前台解说员的管理工作。到1993年夏季，尤里卡儿童博物馆已接待50万的观众，是时候向前走一步了，于是尤里卡儿童博物馆开始开放自己在互动展览方面的经验，这也使我有机会参与帮助英国及其他国家动手型博物馆的建立工作。总之，在这几十年中，我非常荣幸地参与了国家层面和本地层面、公立和私营的各类博物馆中的动手型运动（hands-on movement）。

我现在是一名大学讲师，在做动手型运动研究的同时，也选择性地到一些新博物馆里工作。本书对比美国和欧洲的发展趋势，对英国动手型博物馆与科学中心发展进行反思批判，希望引起众多博物馆以及其他游览景点从业人员对互动展览的发展与趋势的深思，同时也启发博物馆、遗产遗迹、休闲场所和旅游景点的管理者。本书非为教授基本的管理学理论而设计，而是提供动手型展览具体管理中的案例研究信息。

英国有众多的动手型博物馆与科学中心，但本书难免还是基于个人知识和经验，以公共领域的第一手研究和原始数据为依托，结合英美大量的第二手材料进行研究。

本研究的一个重要发现是，动手型运动包含了一系列旅游景点和不同的设施，并没有一个所谓"正确"的方式去发展和运行一个动手型博物馆。但是很确切的一点是，所有的动手型博物馆和科学中心都面临着同样的挑战，尤其是未来随着各种娱乐中心或游乐景点的界限越来越模糊，动手型博物馆和科学中心很难找到它们自身独特的市场定位。它们必须要应对各种挑战才能生存下去，如来自公共资源给它们的资助越来越少，同业竞争越来越激烈，科技也日益更新，动手型博物馆和科学中心想要维持住原来的观众量，不得不在财务、市场、员工和场馆运营方面采用新的管理手段。而且，动手型博物馆和科学中心想要满足动手型学习的教育目标，就必须要不断学习和更新观众行为的知识，了解观众在互动环境中如何表现和如何学习。

总之，越来越多的博物馆机构努力在物质和知识层面为公众提供通过动手型学习接触实物和实象的途径，而本书的目的是在这样的背景下，阐明动手型博物馆如何建设与管理。

致 谢

感谢所有直接或间接对此研究给予支持的同事、朋友和家人。尤为感谢加迪夫科学中心的科林·约翰逊(Colin Johnson)和阿兰·爱德华兹(Alan Edwards)以及伦敦科学博物馆的艾莉森·波特(Alison Porter)。本书部分内容,取自与吉莉安·托马斯(Gillian Thomas)合作的文章,原载 S. Pearce 编的《博物馆新研究:探索科学博物馆第六卷》,伦敦阿特龙出版社,1996 年版(*New Research in Museum Studies*:*Volume 6 Exploring Science in Museums*,London:Athlone Press,1996),非常感谢伦敦阿特龙出版社惠允使用。

蒂姆·考尔顿
谢菲尔德大学
休闲管理部

缩 写

ARC　　考古资源中心 Archaeological Resource Centre（York）

ASTC　科学技术中心协会 Association of Science and Technology Centers（UK）

BIG　　英国互动组织 British Interactive Group

COPUS　公众理解科学委员会 Committee on the Public Understanding of Science

DNH　　英国国家遗产部 Department of National Heritage（UK）

DTI　　贸工部 Department of Trade and Industry

EC　　　欧共体 European Community

ECSITE 欧洲科技与工业展览协作委员会 European Collaborative for Science，Industry and Technology Exhibitions

INSET　教师继续教育 In-Service Education for Teachers

ISTP　　互动科技项目 Interactive Science and Technology Project

OPCS　　人口普查委员会 Office of Population，Census and Surveys

图目录

图 1-1　加迪夫科学博物馆的参观人数　　　　　　　　　　9

图 1-2　英国互动博物馆与科技中心增长情况　　　　　　　13

图 1-3　一个新动手型游乐项目典型的产品生命周期　　　　16

图 1-4　诺丁汉格林风车坊与科学中心的参观人数　　　　　17

图 1-5　约克郡考古资源中心的观众访问量　　　　　　　　18

图 1-6　布里斯托尔探索馆的观众访问量　　　　　　　　　19

图 4-1　尤里卡儿童博物馆1993—1995年财务状况　　　　85

图 4-2　加迪夫科学博物馆1994—1996年财务状况　　　　87

图 4-3　布里斯托尔探索馆1993—1995年财务状况　　　　88

图 5-1　谁可以负担得起休闲时间？　　　　　　　　　　　109

图 5-2　英国主要动手型景点的市场重叠区域　　　　　　　117

表目录

表 4.1　1995—1996 年英国互动型科学中心财务表现对比表　　83

表 4.2　1993—1995 年尤里卡儿童博物馆的运营表现　　92

表 4.3　1994 年、1996 年加迪夫科学博物馆的运营表现　　92

表 4.4　1993—1995 年布里斯托尔探索馆的运营表现　　93

表 5.1　1961—2001 年英国 16 岁以下儿童数量　　107

表 5.2　1992 年英国人口年龄　　107

表 5.3　1989—1994 年加迪夫科学博物馆观众量的季节性分布　　111

表 5.4　尤里卡儿童博物馆观众情况　　116

/目录

第一章　动手型展览 / 1

导　论 / 1
什么是动手型展品？ / 2
起　源 / 3
当下动手型展览的市场状况 / 12
动手型展览的产品生命周期 / 15
结　论 / 20

第二章　教育学语境 / 25

导　论 / 25
博物馆学习的个人语境 / 26
博物馆学习的社会语境 / 31
博物馆学习的物理语境 / 36
建构主义博物馆里的学习 / 49

第三章　展品开发 / 56

　　导　　论 / 56
　　英国的展品开发情况 / 59
　　展品评估 / 63
　　结　　论：展品开发与评估 / 75

第四章　财　务 / 80

　　导　　论 / 80
　　美国动手型科学中心的经济状况 / 80
　　英国动手型科学中心的经济状况 / 82
　　财务表现考察指标 / 89
　　运营表现评估指数 / 91
　　资金资助来源 / 94
　　基本建设成本 / 98
　　结　　论 / 100

第五章　市　场 / 104

　　市场营销 / 104
　　需　　求 / 106
　　主要的细分市场 / 113
　　价　　格 / 118
　　促　　销 / 120
　　结　　论 / 124

第六章　运营管理 / 127

导　论 / 127
观众容量管理 / 127
团队预订管理 / 133
午餐时间管理 / 138
故障管理 / 139
投诉管理 / 142
结　论 / 144

第七章　人力资源管理 / 146

导　论 / 146
动手型博物馆人际互动的本质 / 147
组织架构 / 148
前台员工的职责 / 149

第八章　教育项目与特别活动管理 / 165

导　论 / 165
美国的博物馆教育 / 167
教室里的动手型展品 / 174
英国博物馆的教育作用 / 177
英国与美国的博物馆教育对比研究 / 179
英国博物馆教育的未来图景 / 180

第九章　动手型展览的未来 / 182

精选文献 / 190

索　引 / 196

第一章
动手型展览

本章主要描述在博物馆、遗产遗迹及休闲产业的发展诉求不断变化的时代，美国以及欧洲各国的动手型展览发展概况。

导　论

如今参观博物馆的观众已不再满足于静静地凝望陈列在玻璃柜子里价值不菲的藏品了——他们期待积极主动参与到展览中去，非正式地学习，同时愉悦身心。如今公共财政投入博物馆建设的部分越来越少，在这样的背景下，面对这些具有鉴赏能力的公众，博物馆不得不识别他们的需求，并加以满足。同时，为了争取公众的参观时间和相关花费，博物馆也不得不在休闲产业的其他所有细分领域与竞品展开激烈的竞争，从商业性主题公园到零售商店乃至家庭娱乐设施。简而言之，博物馆界已逐渐意识到重新定位自己社会角色的必要性，尽力争取更多的观众，不仅是增加收入，而且也要证实自身拿剩余财政补助的合法性。

各国的博物馆都在竭力让观众更多地接触展品从而来取悦观众，其中有各式各样的方式，如新技术的运用、藏品仓库的开放展示、现场表演等。这些都是绝佳的解密博物馆，让观众更多地了解藏品的方式。然而，到了20世纪末21世纪初许多新的展品都专门设计为动手型的，同时传统展馆也吸纳了许多动手型展品或者利用多媒体辅助展示的手段。

在英国，动手型方法已经从第一个科学中心传到了博物馆，接着到遗产遗迹乃至乡村的展示中心（interpretation centres）也开始效仿。动手型展品的设计、管理与运营，与传统静态展厅截然不同，从而也要求博物馆从业者具备不一样的专业素养。本书旨在总结英国、美国和欧洲国家的经验，供关注互动展览的人士参考。

什么是动手型展品？

传统博物馆的模式可以概括为两种，即被动型与主动型。被动型主要是玻璃展柜静态展示，主动型则主要是活动的模型和机器，但不管哪一种类型，都可概括为"非动手"（hands-off）。观众被鼓励去看、去想、去听，偶尔去闻，但不鼓励去触碰展品。相反，动手型或者互动型展品则鼓励观众更直接地主动探索展品。"动手"（hands-on）和"互动"（interactive）意思相近，有时可以互换使用。"动手"是指观众可以身体上接触展品，不管是简单地按按钮、敲键盘还是稍微复杂些的参与方式都算作其中。但是仅仅是按个按钮这一类的动手型展品还不能算作真正的互动，即使它是有反馈的，它也仅仅是简单地按照预先设定的结果来反馈。[1]

当我们正常使用"动手"一词的时候，往往意味着动手活动包括互动且会带来增值性的教育价值，也就是说，"动手"引导"动脑"（minds-on），尽管动手本身并不包含此意。另一方面，互动展品还意味着观众要参与思维互动，而这种互动可能是根本不需要物理接触的。[2] 互动的定义不容易明确，也很容易误解，因为它往往与电脑游戏联系在一起，而计算机的这种互动性却仅仅是通过一个键盘、游戏手柄或穿戴式虚拟设备来实现的，而且在计算机的这种互动中娱乐性与教育性也不是必然联系在一起的。

总之，尽管"动手"和"互动"两个词一般在普通或正式场合都能互换使用，但是这两个词都无法精准定义这样一类展览——有身体接触，具有明确的教育目标，通过主动探索发现展品的意义。由于并没有一个更好的词来精准定义或取代这两个词，因此文中将"动手"与"互动"两个词作同义解。但无论如何它们都隐含着这样宽泛的含义：

> 一个动手型或互动型的博物馆展品是有明确教育目的的，鼓励个体或团体观众通过包含选择和主动性的亲身探索去理解实物和实象。

一件好的互动展品能为不同年龄和层次的观众群体提供多维的教育价值。动手型展品不一定是通过高科技才能实现互动性，同时也不一定是直接触摸博物馆的展品，而是帮助观众去探索实物实象。如此，动手型展览可以吸引观众直接操作博物馆里的藏品或复制品，可以帮助观众理解展出的原初目的，可以发生在无文物的展厅里（如科学中心的重点便是鼓励公众去理解科学现象）。

起　源

动手型博物馆与科学中心的起步有两个源头：一是19世纪末美国的首家儿童博物馆；二是20世纪初欧洲和北美的大型传统科学博物馆。

早期科学博物馆

科学中心这个分支的起步首先要归功于1925年慕尼黑德意志博物馆开创性地让观众动手操作发动机以及1937年巴黎发现宫将化学实验直接搬到博物馆里现场展示。[3] 当然同期在美国也有类似的进展，如1933年芝加哥科学工业博物馆也建了一个模拟矿井供观众体验，而宾夕法尼亚州费城的富兰克林学会科学博物馆1935年建了一个两层楼的模拟跳动心脏，可以让观众进去观看。[4] 这些早期的科学博物馆在围绕展品进行阐释和解说方面已有悠久历史，如今的动手型展品发展便是基于这些博物馆的经验。事实上，传统科学博物馆与现代科学中心的区别或许只是它们的年代不同，而非使命的差异。

1931年开放的伦敦科学博物馆的儿童展厅也被认为是最早的科学中心之一。它更像是"科技游乐园"[5]而不是传统博物馆，在这个儿童展厅里可以按按钮、转动手柄，这可能会激发儿童对科学一生的兴趣，或许会成为他们以后从事科学事业的兴趣源头。这个儿童展厅事实上一开始是作为展厅的序厅为所有年龄层的观众设计的，但是因为它的工作模式和实景模拟展示太受年轻人欢迎，因此就以"儿童展厅"出名了。[6]这便成了如今动手型科学中心的先驱。事实上，那时《博物馆杂志》(*Museum Journal*)对它的批判就正如今天一样："我们不得不担心这样的趋势走得太远了，而偏离了博物馆的轨道。"[7]而且，如今的动手型展馆所遇到的问题也与原来的相似：

> 互动的展品模型……经不起观众的反复把玩，很快就会坏掉……有些类型的展品需要在特殊的环境下展示……有些展品设计要一连串的模型同时处于良好工作状态时才能起作用。[8]

弗兰克·奥本海默(Frank Oppenheimer)受到了伦敦科学博物馆儿童展厅与德意志博物馆的启发，于1969年在旧金山创立了探索馆，这成为世界上首个真正的完整意义上的动手型科学中心，随后北美掀起了科学中心建设风潮。[9]探索馆作为一剂催化剂，促进了很多动手型科学中心的建成，它开出了一张包括200来项互动展品的制造"菜单"，可供别的机构参考，以至于全世界许多科学中心都在复制探索馆的展品！[10]

就在弗兰克·奥本海默建立探索馆的那年，加拿大安大略省投入2300万美元建成了安大略科学中心。1981年夏季，安大略科学马戏团（科学中心的延伸）到访伯明翰和伦敦科学博物馆。这次演出受到科学与工程研究委员会(Science and Engineering Research Council，SERC)的资助，11天的演出取得了巨大的成功。

观众完全沉浸在这种展演经历中，毫无疑问是因为这大部分的展品受到了观众的欢迎……评估结果极大程度地支持了科学中心概念在英国的发展。下一步在科学马戏团的基础上或许就可以开发同种类型的开创性展品了。[11]

在此影响下，伦敦科学博物馆于1981—1982年建立了自己的发现屋。[12]1984年，2万多人参观了它的试验台。当时科学博物馆教育主管将此描述为博物馆参与式教育理念的"量子跃迁"。[13]基于这些成功经验，伦敦科学博物馆开发了发射台(Launch Pad)，此项目投资100万英镑，事实表明取得了极大的成功，仅开放的第一天就迎来了超过2万名的观众。[14]

如果说发射台是英国博物馆(包括以收藏为主的博物馆)中首个动手型科学展厅的话，那么首个独立的科学中心则是1986年的加迪夫科学博物馆(Techniquest in Cardiff)与1987年开放的布里斯托尔探索馆(Exploratory at Bristol)。至此，英国科学中心的发展趋势正式形成，并且得到了圣伯里基金(Sainsbury Foundation)、莱弗休姆信托基金(Leverhulme Trust)、纳菲尔德基金(Nuffield Foundation)以及贸工部(Department of Trade and Industry)等众多机构的支持。[15]科学中心之风很快刮遍了欧洲，法国政府也于1986年花重金在维莱特建设了创新馆(Inventorium)。[16]截至1989年年初，英国已建成12座精致的科学中心，其中包括流动的发现中心(Discovery Domes)。发现中心科学项目的主管史蒂夫·皮泽义(Steve Pizzey)还竭力提倡在英国的每个城市都建立科学中心，他对自己的这个梦想颇有几分自豪。[17]

儿童博物馆

1987年，美国科学技术中心协会(Association of Science and Technology Centers，ASTC)对它的会员做了一项调查并发布了调查结果。调查发现虽然科学中心以多样化为特色，但也出现了几个重要的趋势。其中之一是20世纪60年代建立的新科学中心都聚焦于生命与自然科学，而到了 70 年代物理学占了主导，发展到 80 年代儿童和青少年博物馆最为流行。[18]事实上，儿童博物馆是世界上发展得最快的一个博物馆分支。[19]但是儿童博物馆这个概念却并不是新出现的，许多儿童博物馆的历史比科学中心要长。例如，布鲁克林儿童博物馆（Brooklyn Children's Museum）开馆于 1899 年，波士顿儿童博物馆（Boston Children's Museum）也在此之后不久开馆。这些具有悠久历史的儿童博物馆最初在他们认为对儿童最有吸引力的那部分藏品里发展传统博物馆收藏。1964 年，波士顿儿童博物馆在馆长麦克·史波克（Michael Spock）（著名儿科专家之子）的带领下首次做了此项试验，获得了热烈反响。麦克·史波克摒弃了博物馆里的玻璃展柜，使观众能更亲近展品，从而为青少年观众创造轻松的学习氛围。波士顿儿童博物馆首次体现了博物馆以人为本，而不是以物为中心的理念。这一以观众为中心的理念成为以后乃至现在全世界儿童博物馆基本的原则。[20]

5　　布鲁克林儿童博物馆也吸纳了此理念，1977 年此博物馆重新建设装修，盛大开馆，同时它还以让观众能操作每一件展品为原则。[21]印第安纳波利斯儿童博物馆（Indianapolis Children's Museum）也有着类似的历史，它不仅是世界上最大的且第四古老的儿童博物馆，还完好地储藏了 14 万件藏品。印第安纳波利斯儿童博物馆被认为在四个主要方面不同于传统的博物馆。

1. 博物馆所有的藏品、活动与事件都是为教育服务的。每一个展项都围绕一个目的，每个展品讲述一个故事，每个展厅围绕一个理念展开。

2. 利用多彩的颜色和炫丽的灯光效果来吸引注意力，展品标签提示用现代语言写得简明易懂。

3. 展品精心布展，让年纪最小的观众也能被吸引住，展品按一定的逻辑顺序摆放。若有可能，展品从本质上都要是动手型的或是参与型的。

4. 不管展品有多复杂，身体力行的接触永远是人类最好的学习途径。[22]

20世纪70年代全世界大约有8家儿童博物馆，这之后儿童博物馆便如雨后春笋般冒出，以至于20世纪80年代登记在美国青少年博物馆协会（Association of Youth Museums）下的博物馆达400多家，其中坐落在美国的就有350多家。20世纪七八十年代儿童博物馆数量急速增长的现象受到教育理念变革的影响，20世纪60年代传统教育理念的失败提出了变革的诉求。这之中许多新博物馆是小规模的，在教育方面目标不成熟，管理也缺乏专业水准。但不管怎样儿童博物馆数量在世界范围内的迅速增长反映了博物馆机构将教育做到普识，让任何一种文化背景的人都好理解的热情。

有部分儿童博物馆（如布鲁克林儿童博物馆、波士顿儿童博物馆、印第安纳波利斯儿童博物馆）是建立在传统博物馆的藏品基础之上，同时成功地加入了互动要素与展品，还有部分新的儿童博物馆[如丹佛儿童博物馆（Denver Children's Museum）]挑战传统，完全不再做收藏。虽然这种做法引起了质疑和争论，认为一个没有藏品的儿童博物馆并非真正的博物馆，但美国博物馆协会还是将儿童博物馆纳入博物馆之列，并将之定义为：

儿童博物馆是服务于儿童的需求和兴趣，通过展品和活动来引发好奇心和行动力，来激发他们学习热情的机构。儿童博物馆是永久性的以教育为目的的非营利场所，其拥有专业的员工来策划展览，并定期向公众开放。[23]

很显然这一定义将儿童的需求和兴趣放在首位，而非藏品。而传统的来自英国对博物馆的定义却是："博物馆是致力于收藏、记载、保存、展示，并向公众阐释实物和相关信息的机构。"这恰恰是将"物"摆在了比"人"更重要的位置上。儿童博物馆正挑战和重新定义着传统博物馆的边界。不同于传统博物馆以保存、研究为目的,以玻璃展柜静态展示为手段,现代儿童博物馆是以客户为中心的,运用情景化的互动展示策略来达到教育的目的。现代儿童博物馆的"物"完全是作为促进儿童学习、满足儿童发展需要的工具,而并非是为藏品本身的价值。

案例研究:加迪夫科学博物馆

加迪夫科学博物馆(Techniquest)有着雄心壮志,但是1986年它开馆的时候经营场址却非常有限。十年之内它的选址变动了三次,且最终发展为英国最大的互动型科学中心。在加迪夫的威尔士大学科学教育学教授约翰·比特斯通(John Beetlestone)的带领下,加迪夫科学博物馆于1986年注册建立了致力于慈善事业的有限责任公司,并且从盖茨比基金会(圣伯里信托的子信托基金)获得了83000英镑的启动经费。博物馆于1986年11月开馆,那时是利用原来的英国天然气展示厅(British Gas showrooms)的场地,当时获得了场地免租金的优惠,开馆6个月就接待了45000名观众。[24] 这一临时的展示不仅吸引了大批观众,而且也吸引了潜在的赞助商和赞助人。1987年,盖茨比基金会为博物馆的二期工程建设投入了60万英镑,且加迪夫湾建设集团(Cardiff Bay Development Corporation)还为它在加迪夫湾海滨建设基础工业大楼提供了5年的资助。有了自己的大楼之后,博物馆于1987年关闭了原来的临时展厅,于1988年开放新建设的二期工程。整个项目花费了100万英镑,建设了1000 m² 的展示面积,设计了80个展项。[25]

正如图1-1所示,博物馆二期工程在5年之内获得观众参观量达10万人次,这一成绩与相邻的威尔士工业与海事博物馆1990年的数据(39000人)相比已算是盛况空前。这一数据说明,即使与现代的以收藏为主的博物馆相比,科学中心在吸引观众的能力方面依然具有很大优势。[26]

加迪夫科学博物馆在加迪夫的一个偏僻而又破败的地方选址能取得如此大的成功不得不说归功于馆长约翰·比特斯通的先进理念与他的管理团队。约翰·比特斯通先生将自己比作科学的经销商,成功创造和推

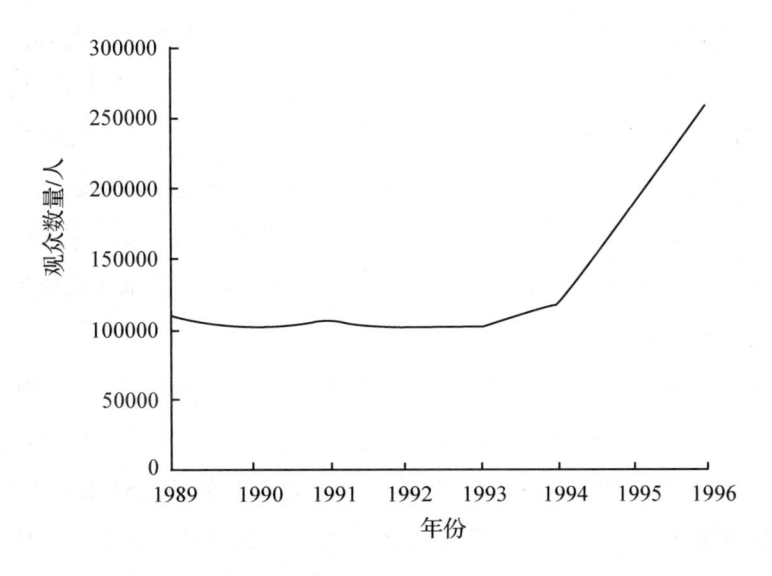

图 1-1　加迪夫科学博物馆的参观人数

资料来源：加迪夫科学博物馆。

注：(1)三期工程于1995年5月开放。

(2)1996年的数据是9月底估算的12个月的数据。

销了使观众着迷的体验科学的经历。他的理念就是鼓励广大的群众消费科学，而且沿用英国皇家科学研究院的"圣诞讲座"曾采用的剧场表演形式(一个非常有趣的事实是，此科学博物馆的三期工程科学剧场还真是建设在原来皇家研究院的一个报告厅之上)。[27]加迪夫科学博物馆试图通过吸引儿童而扩展到吸引成人，鼓励成人们像圣诞节上喝三杯威士忌过后那样畅快的表现。这或许正是加迪夫科学博物馆的魅力所在——就像约翰·比特斯通所注意到的，在主题公园，喧闹之音来自展品而不是观众，相反在发现中心(他更乐意用发现中心替代科学中心一词)，喧闹之声来自观众而不是展品。[28]

加迪夫科学博物馆采纳了迪士尼的展品理念，那就是展品看起来是全新的，就像昨天刚开放的一样，而且非常注重整体的氛围营造和观众的舒适度。加迪夫科学博物馆的成功原因之一便是它的展品都是精心设计且坚固耐用的，而且色彩都是明亮的基本色。大部分展品都是室内创造的，聘请的艺术家先设计创造出展品概念，再由生产设计人员将这些展品做成可靠的工程模型。建设一家成功的发现中心（科学中心）是具有挑战性的，它是资金密集型的事业，尤其是维护展品需要大规模持续的投入。约翰·比特斯通承认加迪夫科学博物馆既涉足教育领域，也涉及娱乐产业。与传统的教育行业相比，它很大部分的收入来自商业活动。假设互动科学里有任何挣钱机会的话，那么迪士尼或其他商业性娱乐场所或许早就发现了。[29]

加迪夫科学博物馆二期工程在7年内吸引了70多万观众。1991年加迪夫湾建设公司将它作为公司的招牌工程并启动三期工程建设，三期工程于1995年5月竣工开放。在建设公司以及其他的来自威尔士政府、欧洲区域发展基金、威尔士发展协会和威尔士旅游局的资助下，博物馆近期花费了700万英镑，以钢铁结构为主体建成了一个19世纪工程师工作坊，这使得加迪夫科学博物馆的展品也增加了一倍，扩展到160件，还增设了一个科学剧场、一个天文馆、一个发现屋和一个实验室。加迪夫科学博物馆试图不给展品分类，而是让观众主动去建构自己的发现逻辑，并且仔细去思考这些"随意性"之间的内在关系。在遵循博物馆理念的基础之上，博物馆三期工程具有高水平的观众服务设施，而它外延的教育项目也得到了极大的发展。[30]新的科学博物馆在新的场址第一年就接待了236000名观众，其中有1/3是学校团体到访。

总之，加迪夫科学博物馆代表了新一代科学博物馆，它以宏大的愿景开端，配合了一个好的商业模式（有一个小而精的咨询委员会），从而使它快速发展成为英国最大的特色科学发现中心。

支持机构

美国、英国和欧洲国家儿童博物馆与科学中心的发展得力于许多希望动手型学习的教育机构以及为那些刚起步的中心提供经费支持的组织。在美国，青少年博物馆协会作为代表儿童与青少年的专业组织运行，同时科学技术中心协会（ASTC）也于1973年成立，作为博物馆方面的非营利性组织致力于推动公众理解科学。ASTC为欧洲互动型展示提供了宝贵的资源，1988年欧洲也决定成立对等机构。于是，欧洲科技与工业展览协作委员会（European Collaborative for Science，Industry and Technology Exhibitions，ECSITE）在来自欧洲7个国家的赞助下得以成立。ECSITE的目标为：

促进公众理解科学、工业与技术……促进有关互动科学中心、博物馆与展览等非营利性组织之间的合作。[31]

ECSITE提供了一个绝佳的信息与经验共享平台，在这个平台上大家就展品的生产、交换与管理互相交流，从而使这个平台推动了动手型科学博物馆与科学中心的发展。在欧洲共同体的部分资助下，ECSITE首先由纳菲尔德基金发起并提供首笔资金而筹建。纳菲尔德基金是英国知名慈善机构且在推动学校的科学教育方面已有很长的历史。该基金试图将支持创意实验作为其招牌项目，为别人树立榜样，它还在1986年大力赞助了布里斯托尔探索馆的一期工程建设，1988年的流动发现屋（Travelling Discovery Domes）和其他诸如光项目（Light Works）（一个小规模的科学博物馆进学校项目）以及加迪夫科学博物馆的学校工具箱（kits）等众多的科学博物馆项目。同时圣伯里信托家族还专门设立了互动型技术中心发展基金来推动英国科学中心的发展，在发现屋建设前就由史蒂夫·皮泽义来管理运作。[32]

1987年，纳菲尔德基金与英国贸工部合作设立了互动科学技术项目来鼓励科学中心的建设，并引导公众交流思想与知识。本项目由来自布里斯托尔探索馆的理查德·格列高利（Richard Gregory）教授主持，还为英国首批科学中心举办了一个有用的论坛杂志，此杂志一直持续到1990年。[33]虽然杂志的受众一开始还不到50人，但到了1989年12月发行量已超过了400册。[34]

除了纳菲尔德基金、互动科技项目、ECSITE，还有公众理解科学委员会（COPUS）的工作。COPUS是英国皇家学会公众理解科学委员会、皇家研究院以及科学促进会三大机构的联合学会。COPUS 成立于 1986 年，主要目的是提高英国公众对科学技术的意识。COPUS 广泛支持各种项目，包括给科学中心提供小额奖项，还与纳菲尔德基金一起就英国第一阶段的动手型教育出版了多篇报告和文章。[35]

这些组织的作用是不容低估的。事实上，1980 年年末互动科技项目（Interactive Science and Technology Project，ISTP）将近尾声的时候，其项目主管（同时也是 ECSITE 的行政秘书）梅拉妮·奎因（Melanie Quin）曾富有洞见地说道：

> 我与史蒂夫·皮泽义有着共同的梦想，那就是希望有一天，每一个城市都会有一座互动型科学技术中心，就像现在每一个城市都有图书馆、美术馆、影院和体育中心一样。同时我也预测"动手型"概念会超出科学技术中心的范畴，而作为一种交流媒介走得更远。互动理念具有巨大的潜力，"参与"会为观众理解历史藏品、艺术作品等提供新的认知维度，同时它也有助于增值性娱乐活动用在提升课堂教育质量上。[36]

当下动手型展览的市场状况

自 1986 年开始，英国动手型博物馆与科学中心的数量就表现出稳定增长的趋势，如图 1-2 所示，1986—1995 年，新科学中心以 3.5％的年涨幅增长。有一些科学中心取得了显著的成功，尤里卡儿童博物馆便是典型的例子。该博物馆 1992 年开馆，不到两年的时间观众访问量就达到 100 万。早期典礼性的动手型中心的成功带来的直接影响便是那些传统的博物馆也逐渐将互动型技术加入已有的展示模式中。实际上，到了 1994 年约克郡（Yorkshire）和亨伯赛德郡（Humberside）的 85 家科学与技术博物馆中有 25 家已有了动手型展品。[38]

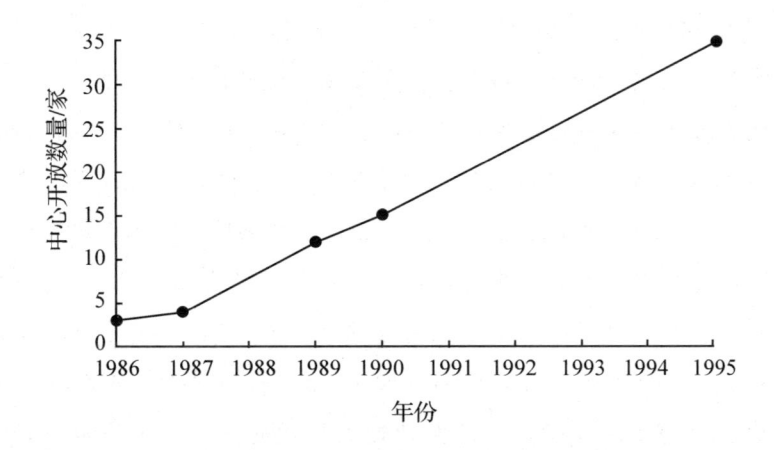

图 1-2 英国互动博物馆与科技中心增长情况

资料来源：BIG[37]以及作者的推测。

列举英国动手型博物馆的名单已不是件容易的事了，这在很大程度上是因为自 1995 年开始建立的许多新的展厅都利用多媒体，吸纳了许多互动性的元素。英国国家彩票基金大力促进互动展品的发展，以此迎接新千禧之年。可以非常自信地说，自 1995 年起，新的互动展品的数目在以惊人的速度增长，而动手型概念也远超出在科学技术博物馆界的影响，在历史、建筑、运动、艺术与流行歌曲等领域得到广泛传播。而且，那些没有永久场址的博物馆如遗产遗迹和乡村展示中心也都将动手型展品引入它们的展示中。

在需求方面，互动科学中心在公众中非常受欢迎：有一个报告对英国博物馆市场潜力的分析表明，展品的互动水平以及为儿童设计的相关活动是人们到访博物馆的两大关键因素。[39]报告显示，这些访问博物馆的公众中，有 1/3 是带孩子来的，以家庭为单位的孩子占据了市场的绝大部分。[40]战后婴儿出生潮现在有了回应，那就是家庭娱乐设施和项目不得不关注儿童市场，以吸引他们为主要目标，这种现象一直持续到 20 世纪末。[41]

近年来，动手型博物馆与科学中心作为全世界最受欢迎的景点之一取得了巨大的成功。1986年，ASTC的调查显示，在被调查的博物馆中，有130家的年观众数超过了5000万，而且其中绝大部分都获得了财务顺差。[42]有的预测甚至说全世界科学中心的年观众量达到了1亿。[43]

英国观众参观博物馆的人数在过去的20年里增长了24％，1989—1995年增长了9％。[44]最新的经过多方资源获得的评估也表明，英国每年有约1亿人次的公众参观博物馆，而这个数字恰巧等于全世界科学中心的观众量总和。[45]然而，也有评估表明，英国已有2500家博物馆，其增长的速度已使得博物馆数量供过于求了。[46]事实上，有了国家福利彩票的激励，名胜古迹的数量在加倍增长，而需求从1992年起却是处于下降状态。[47]博物馆处在与其他商业性娱乐设施——主题公园、家庭娱乐中心、市镇商业中心——的激烈竞争中，传统上周日一般是逛博物馆的日子，可如今在周日这些娱乐项目的竞争更厉害，以至于许多经营不善的博物馆最后门可罗雀。到了1997年，几家英国博物馆出现了财政危机，甚至出现几家有名的传统博物馆和新开的科学中心倒闭或经营不善的现象。动手型博物馆必须在过分拥挤的市场中表现出独特的优势，才有可能取得胜利，但问题是，动手型博物馆该如何做呢？

受各种原因的影响，要准确地估计英国动手型博物馆与科学中心的市场有多大是十分困难的。其中之一是因为要定义什么是动手型展品什么不是，本身就很困难。但如果从英国互动组织（British Interactive Group，BIG）1995年权威认证的35家互动科学中心的数据分析，依此类推，也可以窥见整个市场需求。[48]英国旅游局每年在《观光》(Sightseeing)杂志上发布旅游景点的观众数据。[49]可是这个数据来源不如它刚开始出来的时候可靠了，因为首先是只有那些年观众量超过3万人的机构才会进入它的统计数据之列；其次是大型机构（如伦敦科学博物馆的发射台、曼彻斯特科学与工业博物馆的X实验室）的数据只有宏观的，而没有具体的分类数据；最后那些不收费的景点的数据最多也是连猜带估的。

从这个数据来源中可以看到，BIG名单上35家中的13家独立的互动科学中心于 1995 年吸引了大约 165 万观众。[50] 其他 5 家带有互动科学中心的博物馆获得 415 万观众访问量。[51] 很显然，并非每位到这些博物馆的观众都会关心那些动手型展品，因此虽然伦敦科学博物馆宣称有 50 万（占 144 万观众总量的 28%）的观众访问了发射台，还是很难说这个数据是准确的。[52] 如果将其他四家大型博物馆的互动科学中心观众访问量估计为总数的 10% 的话，那么这些互动科学中心共吸引了 27 万观众。因此，我们可以大致说 1995 年至少有 242 万观众访问了 BIG 名单上的 18 家互动科学中心。由于这个数据包含了所有重要的动手型博物馆与科学中心（其中 11 家在 1995 年观众访问量超过 10 万），因此可以大致判断 BIG 名单上的 35 家互动科学中心共有 300 万～400 万的年观众量（这样一个数目约占全世界互动中心观众市场的 3%～4%，同时也约占全英国博物馆访问市场的 3%～4%，这还不算那些由于不在博物馆的范畴之列而没有统计进来的互动中心的数据）。

虽然互动博物馆与科学中心年观众量是 300 万～400 万，这一数据是根据可获得的资料估计的，但可以看到的是这一市场还在随着新的动手型景点的修建和传统博物馆吸纳动手型展示手段而不断扩大（尽管新的科学中心的成功是建立在争抢其他科学中心的资源，而非从传统博物馆那里争取市场的前提下）。有数据表明美国新近建立的科学中心并不能达到他们预期的观众数量目标，而且现有观众量已达到峰值（事实上，1993—1994 年观众访问量就已经有了 10% 的降幅）。[53] 因此，有必要研究一下一段时期内个别动手型博物馆与科学中心成功的特殊因素，并绘制它们的产品生命周期。

动手型展览的产品生命周期

产品生命周期概念有助于研究动手型博物馆取得相对成功的原因。它认为所有的产品都有有限的生命，有一个成长和成熟的过程，当它达到销售顶峰，市场饱和时，销售量就开始下滑。诚然，不一样的产品类型有不一样的生命周期。例如，一个滑冰场的生命周期非常短，而一个致力于收藏或建筑遗产保护，供下代人所用的博物馆的生命周期就会很长。新开的博物馆处在一个高度竞争的娱乐产业市场中，它们的产品生命周期往往很短。

一个新的景点开放有两种可能的场景：一种是会逐步完善趋向稳定（如加迪夫科学博物馆），另一种是一开始就是很成熟的模式。对于后一种场景，来自传统娱乐产业的经验表明，观众量一般会在开放后的2～3年内达到顶峰，第4年开始保持稳定，这之后如果没有更新或新的投入的话，观众量就会急速下降。

利用英国《观光》系列杂志的系列数据，可以绘制出开张5年或以上的动手型博物馆与科学中心的产品生命周期图谱。若把各个博物馆的产品生命周期图叠加，就会得到一个典型的一定时期内动手型中心产品生命周期曲线。事实表明，动手型中心正在步传统娱乐工业的后尘，如图1-3所示。

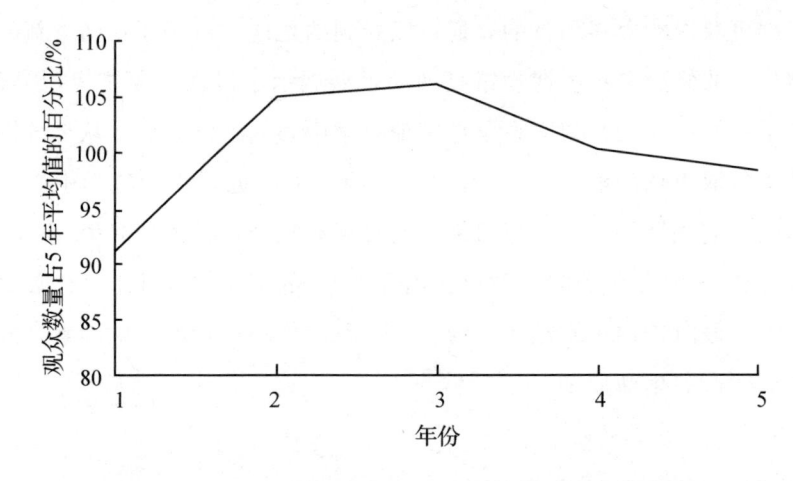

图1-3 一个新动手型游乐项目典型的产品生命周期

资料来源：英国《观光》系列杂志。[54]

注：此图是基于7个动手型中心的样本。[55]

这7个互动中心的样本都以成熟型的游乐项目形式开放，而且在开放后的 5 年内没有大的投入和更新。我们可以推测，动手型中心的产品生命周期确实是在走传统娱乐产业的老路：生命周期非常短，一般 2~3 年观众量就达到峰值，市场饱和，而第 4 年趋于稳定，甚至开始下降。如果不注入新的资本，那么观众量就会持续下降。因此，很多动手型博物馆与科学中心都会在 3 年或者 5 年的周期内重新布展，进一步更新展品。例如，尤里卡儿童博物馆开放 4 年之后，重新布局了"回收"（Recycling）展区，借鉴了伦敦科学博物馆的"物件"（Things）主题的展品。

个别动手型中心的生命周期

格林风车坊与科学中心

诺丁汉格林风车坊与科学中心（Green's Mill and Science Center）作为英国首家动手型科学中心，提供了具有较长历史的案例，如图 1-4 所示。

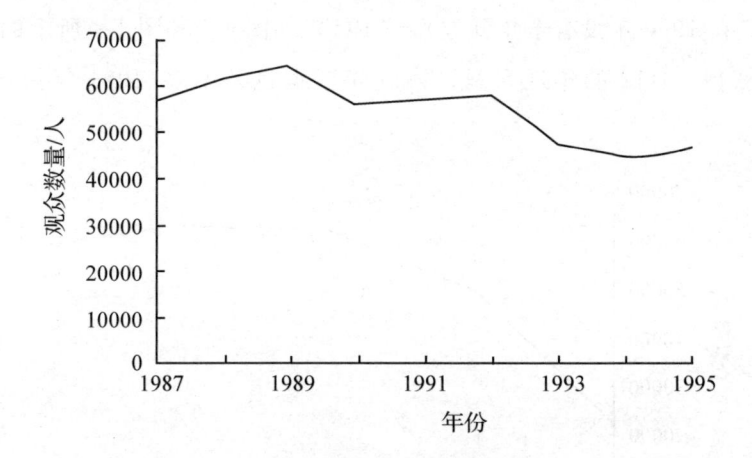

图 1-4 诺丁汉格林风车坊与科学中心的参观人数

资料来源：英国《观光》系列杂志。

注：（1）观众数量自格林风车坊与科学中心免费之后开始计算。
　　（2）此科学中心附属于一个独立的风车坊。

格林风车坊与科学中心的观众量在开放 3 年之后达到了峰值，但作为当时英国最早的科学中心之一依然保持着高度受欢迎的景点地位。就像图 1-3 显示的典型的科学中心一样，格林风车坊在开放后第 4 年观众量开始趋于稳定，保持在54973人左右，这与它9年内的平均观众量（53928人）大致相同。此后在来自其他博物馆与亲子活动场所的竞争压力下，格林风车坊与科学中心的吸引力下降，观众量开始下滑（尽管1991—1992年以及1995年观众量有小幅度上升，但总体还是处于下滑状态）。巴克斯顿（Buxton）博物馆的境况也是如此，1987—1989年年观众量为35000人，但到了1991年下降至33612人，1990年继续下降至32675人。当它的观众量继续下降到30000人以下之后，《观光》杂志就已不再发布它的数据了。最终，巴克斯顿博物馆被关停，而在1995年冬季宣布考虑并入尤里卡儿童博物馆。[56]

考古资源中心

图1-5的考古资源中心（Archaeological Resource Centre，ARC）的数据图谱反映了一个非常典型的生命周期曲线。如果去掉第一年的数据（ARC在1990年没有全年开放），ARC正如图1-3和图1-4所示的那样平均获得58112的年观众量，第5年数据也差不多（1994年为58420人）。

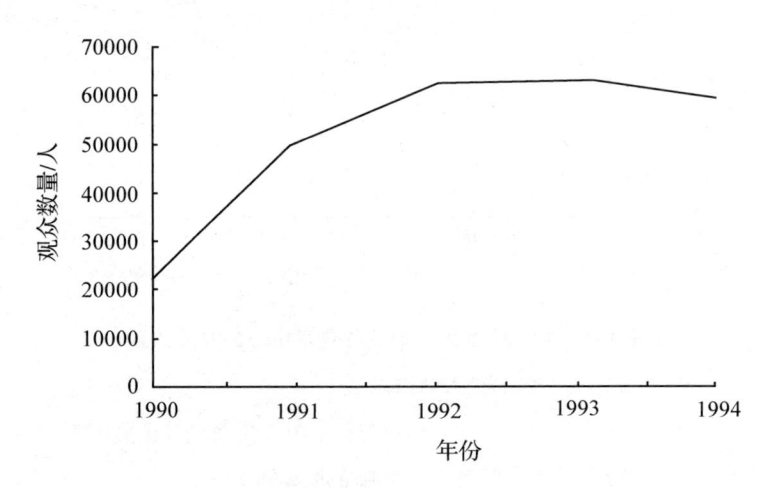

图1-5 约克郡考古资源中心的观众访问量

数据来源：英国《观光》系列杂志。

布里斯托尔探索馆

布里斯托尔探索馆与加迪夫科学博物馆(图 1-1)这两个科学中心提供了周期内取得发展的例子。开放于 1987 年的布里斯托尔探索馆于 1990 年搬迁了场址,这使得它的观众访问量翻了一倍。就跟之前的加迪夫科学博物馆一样,布里斯托尔探索馆也在准备第二次搬迁。它获得了千禧年委员会(Millennium Commission)组织的 4100 万英镑的资助,布里斯托尔在 2000 年准备重新选址,把探索馆放入更大的互动型科学中心——科学世界(Science World)馆中,这个馆耗资 2500 万英镑。

图 1-6 的曲线清晰地反映了布里斯托尔探索馆的第二个阶段的发展状况,即自 1990 年起观众访问量翻倍。1992 年,也就是搬迁后的第三年开始下降。自 1990 年之后的 6 年时间平均年观众量为 173089(1994 年是 168000,也就是搬迁之后的第 5 年),但我们可以清晰地看到布里斯托尔探索馆的观众量并没有稳定下来,而且可能短期内都不会趋于稳定,因为科学世界项目是千禧年委员会组织的标志性项目之一,这一因素必然促进布里斯托尔探索馆的发展。

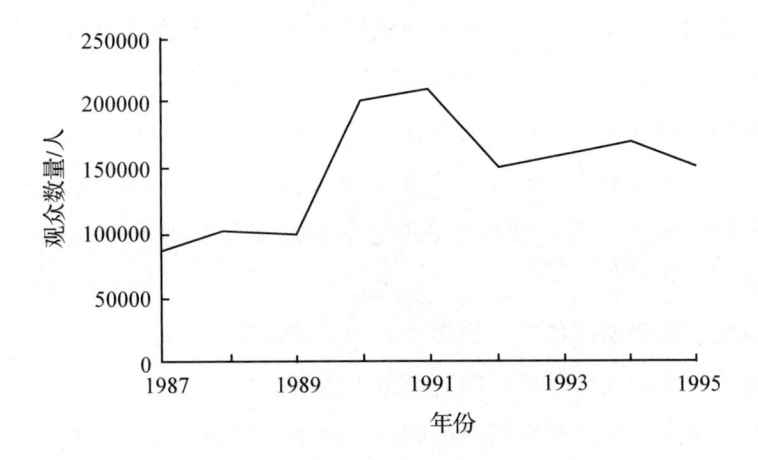

图 1-6 布里斯托尔探索馆的观众访问量
数据来源:英国《观光》系列杂志。

结　论

近年来，美国与欧洲国家动手型博物馆与科学中心数量的上涨非常可观。而这样一种剧增是建立在传统科学博物馆与儿童博物馆对创新性科学传播手段的探索（尤其是美国）之上的。对寓教于乐的高质量的参访景点的需求在整个西欧十分明显，而且图1-2还表明在英国动手型景点的数量还处在增长阶段。

但是英国整个博物馆的观众市场已经饱和，动手型博物馆与科学中心与2500家其他类型的博物馆以及其余所有的商业娱乐设施激烈竞争。美国以及其他地方的儿童博物馆也同样难逃与商业性儿童娱乐设施的竞争，因为迪士尼等儿童冒险游乐设施在美国和英国都在快速发展。[57]

对动手型博物馆与科学中心产品生命周期的分析表明，它们在开馆4年之后很难再维持较高的观众量水平，尤其是如果不再继续投资于核心展品的话。与加迪夫科学博物馆或布里斯托尔探索馆这样获得长足发展的大型的中心相比，小型中心更难维持观众量。总之，新开的中心所吸引的观众已远不如已有的中心持续失去的观众多。1989—1995年5家可获得数据的动手型中心的对比研究表明，它们在此期间观众增长量取得了49%的增长。而另一个可获得数据的研究包括9家中心在1992—1995年的表现，结果也表明它们在此期间取得了28%的观众增长量。[58]

总之，动手型博物馆与科学中心的总体趋势是好的，英国观众参观动手型博物馆的人数总体在随着新景点的开放而上升。但是，老的中心如果不持续进行投资和更新展品的话，就很可能会丢失观众群。各个动手型博物馆与科学中心需要重新定义它们的战略目标和客户群，采用高标准的管理措施，确保中心在这个竞争激烈的市场中成熟、发展并生存。

注 释[①]

1 F. Swift, 'Time to go interactive', *Museum Practice*, 4, 1997, p. 23.

2 J. Kennedy, *User Friendly: hands-on exhibits that work*, Washington, DC: ASTC, 1994, p. 2.

3 G. Thomas and T. Caulton, 'Objects and interactivity: a conflict or a collaboration', *International Journal of Heritage Studies*, 1, 3, 1995, pp. 143-55; M. Quin, 'What is handson science, and where can I find it?', *Physics Education*, 25, 1990, pp. 243-6; M. Quin, The Exploratory pilot, a peer tutor? —the interpreter's role in an interactive science and technology centre', in S. Goodlad and B. Hirst (eds), *Explorations in Peer Tutoring*, Oxford: Blackwell, 1990, pp. 194-202; M. Quin, 'The Interactive Science and Technology Project: the Nuffield Foundation's launchpad for a European collaborative', *International Journal of Science Education*, 13, 5, 1991, pp. 569-73; M. Quin, 'Aims, strengths and weaknesses of the European science centre movement', in R. Miles and L. Zavala (eds), *Towards the Museum of the Future*, London: Routledge, 1994, pp. 39-55.

4 A. W. Lewin, 'Children's Museums: a structure for family learning', *Marriage and Family Review*, 13, 3-4, 1989, pp. 51-73.

5 S. Tait, *Palaces of Discovery*, London: Quiller Press, 1989, p. 95.

6 G. Thomas, 'The age of interaction', *Museums Journal*, May 1994, pp. 33-4.

7 *Museums Journal*, 31, April 1931, quoted in D. Follett, *The Rise of the Science Museum under Henry Lyons*, London: Science Museum (not dated), p. 113.

8 Ibid., p. 109.

9 V. J. Danilov, *Science and Technology Centers*, Cambridge, MA: MIT Press, 1982.

10 The *Exploratorium Cookbooks* are still available. Details can be found on the Exploratorium's World Wide Web server, ExploraNet.

11 P. A. Gillies and A. W. Wilson, 'Participatory exhibits: is fun educational?', unpublished report by Science Museum Education Service.

12 J. Stephenson, 'Discovery Rooms at the Science Museum', unpublished report by Science Museum Education Service.

13 A. W. Wilson, *Science Museum Review*, 1987, quoted in S. Tait, op. cit., p. 95.

[①] 本书各章后注释部分为原书第131～142页内容，不做修改。——编辑注

14 Ibid.

15 N. Tomlin, 'Interactive science centres and the National Curriculum', *Journal of Education in Museums*, 11, 1990, pp. 12-15.

16 G. Thomas, 'The Inventorium', in S. Pizzey (ed.), *Interactive Science and Technology Centres*, London: Science Projects Publishing, 1987, pp. 77-89.

17 S. Pizzey, ibid.

18 S. McCormick (ed.), *The ASTC Science Center Survey: administration and finance report*, Washington, DC: ASTC, 1989, pp. 2-3.

19 E. Silberberg and G. D. Lord, 'Increasing self-generated revenue: children's museums at the forefront of entrepreneurship into the next century', *Hand to Hand*, 7, 2, 1993, pp. 1-5.

20 J. Cleaver, *Doing Children's Museums*, Charlotte, VT: Williamson, 1992, pp. 5-11.

21 A. W. Lewin, loc. cit.

22 Quoted from an information sheet 'Concept of a children's museum', provided by the Children's Museum of Indianapolis, 1991.

23 Association of Youth Museums, discussion document on 'Professional practices for children's museums', 1992.

24 S. Tait, op. cit., pp. 98-9; M. Quin, 1994, loc. cit., pp. 48-9.

25 Ibid.; J. Brown, 'Attraction review: Exploratory and Techniquest', *Leisure Management*, May 1992, pp. 36-8.

26 Ibid.

27 M. Quin, *Physics Education*, 1990, loc. cit., p. 245.

28 J. Beetlestone, 'Exploratoria UK', lecture at the World Heritage and Museums Show, 4.5.95.

29 Ibid.

30 J. Cramer, 'Dragon Quest', *Leisure Opportunities*, June 1995, pp. 30-1; interview with Colin Johnson, Deputy Director, Techniquest, 30.10.96.

31 *ECSITE Newsletter*, 1, Feb./Mar. 1990, pp. 6-7.

32 S. Pizzey, op. cit., p. 1.

33 M. Quin, 1991, loc. cit., pp. 569-73.

34 Nuffield Foundation, Interactive Science and Technology Project, *Occasional Newsletter*, 15, Dec. 1989, p. 3.

35 Nuffield Foundation, *Sharing Science: issues in the development of the interactive science and technology centres*, London: British Association for the Advancement of Science, 1989.

36 Nuffield Foundation, *Occasional Newsletter*, 1989, loc. cit. , p. 2.

37 British Interactive Group, *Handbook 1*, 1995.

38 Derived from Yorkshire and Humberside Museums Council, *Keys to the Future*, Leeds: YHMC, 1994.

39 S. Davies, *By Popular Demand: a strategic analysis of the market potential for museums and galleries in the UK*, London: Museums and Galleries Commission, 1994, pp. 76-80.

40 Ibid. , p. 55.

41 Leisure Consultants, *Leisure Forecasts 1994-8: Vol. 2, leisure away from home*, Sudbury: Leisure Consultants, 1994, p. 43; Leisure Consultants, *What's the attraction?: success in the market for places to visit. Vol. 2 market research and forecasts*, Sudbury: Leisure Consultants, 1990, pp. 77, 126-7.

42 S. Grinell, *A New Place for Learning Science: starting and running a science center*, Washington, DC: ASTC, 1992, p. 7.

43 Promotional material for the First Science Centre World Congress held at Heureka, Finland in 1996, quoted in *Museums Journal*, Feb. 1995, p. 21.

44 M. Hanna, *Sightseeing in the UK 1995*, London: BTA/ETB Research Services, 1996, p. 37.

45 Museums Association, 'Facts about museums', *Museums Briefing*, 15, Mar. 1997.

46 S. Davies, op. cit. , p. 61.

47 M. Hanna, op. cit. , p. 37.

48 British Interactive Group, op. cit.

49 M. Hanna, *Sightseeing in the UK*, London: BTA/ETB Research Services, annual series.

50 These are: the ARC, Armagh Planetarium, Catalyst, Eureka!, Bristol Exploratory, Explore It (Northern Ireland), Green's Mill and Science Centre, Satrosphere, Jodrell Bank Science Centre, Newcastle Discovery, Sellafield Visitor Centre, Snibston Discovery Park and Techniquest.

51 These are: the Science Museum, the Natural History Museum, the National Maritime Museum, Birmingham Museum of Science and Industry, North West Museum of Science and Industry.

52 G. Thomas and T. Caulton, 'Objects and interactivity: a conflict or a collaboration', loc. cit. , p. 151.

53 G. Delacôte, 'Science centres: an industry on the decline', unpublished paper presented at Education for Scientific Literacy conference at Science Museum, 8.11.94.

54 M. Hanna, op. cit.

55 These are: the ARC, Armagh Planetarium, Green's Mill and Science Centre, Jodrell Bank Science Centre, Satrosphere, Sellafield Visitor Centre, Techniquest.

56 British Interactive Group, *Newsletter*, winter 1995, p. 2.

57 Discovery Zone had 100 sites scheduled to open in the USA by the end of 1993. E. Silberberg and G. D. Lord, loc. cit. , p. 1.

58 Evidence of Armagh Planetarium, the Exploratory, Green's Mill and Science Centre, Jodrell Bank Science Centre and Techniquest for 1989-95, and in addition of Eureka!, Catalyst, Satrosphere and Snibston Discovery Park for 1992-5. Source, M. Hanna, op. cit.

第二章
教育学语境

本章探讨互动展览的教育理论基础，探讨观众是否真的可以在娱乐中学习的问题。

导　论

互动展览背后的深层原因是观众发现动手型展品比传统博物馆的静态展示更有吸引力、更好玩。观众参观动手型展览的数量上升，而且他们参观后的热烈反响已证实了这一点。如果互动博物馆与科学中心成功的标志之一是使观众获得愉悦，那么无疑它们的目标已达到了。然而，事情并非那么简单，因为动手型博物馆与科学中心还有教育的目的。理查德·格列高利曾说："科学中心的蓬勃发展表明很大一部分来自各个年龄层的英国公众都觉得直接探索科学的方式来得更有趣。"这一观点毋庸置疑，但同时理查德·格列高利也考虑道："虽然动手的经验非常有效而且重要，但是通过观看物体以及动手操作并不能充分保证达到科学理解的目的。"[1]

科学中心里的科学普及在应对公众对科学的疏离方面是成功的，但是科学中心是否只让观众学到了表面的科学概念和事实，或者科学中心事实上还加深了对科学概念的误解，这些问题一直存在很大的争议。[2] 争议的问题诸如："他们真的是在学习还是仅仅只是在玩耍？"理查德·格列高利以及其他学者都在担心科学中心也许会使科学泛化，给人误导，以为科学探索能立见成效，很快找出解决问题的方案，而真实的科学探索历程却是缓慢、冗繁且不那么辉煌的。互动运动的支持者们却认为如果观众能玩得开心，那就更有可能在这个过程中学习。他们还认为观众如果能带着对科学探索的热情离开，那便也是一种收获。[3]于是，问题就颠倒过来了，即变成："观众真的只是在玩吗，还是他们只不过是在学习呢？"

本章考察"人们能在玩乐中更好的学习"这一假设背后的学习理论，并从已有研究中寻找证据，考察有多少观众从动手型展品中实际上学到了知识。观众能在参观后获得某些理解或知识（认知学习）方面的改变吗？互动展品的首要作用是改变观众的态度（情感学习）吗？互动展览会传递错误的信息或者是有倾向性地传递信息吗？互动型科学中心与互动型博物馆中的学习有什么不一样？什么样的要素最能在科学中心中鼓励主动的学习——或用理查德·格列高利的话说就是将动手变为动脑？为回答这些问题，就有必要考察观众个体在博物馆中的行为表现（个人语境），进一步考察群体行为和学习（社会语境）以及空间设计如何影响学习环境（物理语境）。[4]

博物馆学习的个人语境

理 论

互动展品背后教育理念的支撑源自皮亚杰以及其他发展心理学家如福禄培尔和维果茨基的工作。皮亚杰认为学习是直接与环境接触产生的效果，且他追踪研究了孩子从出生到成熟的连续各个阶段的学习与发展。他的研究表明，孩子在早期阶段主要是在挖掘自己的动作技能与感知能力；从2～4岁他们开始探索自身在周边环境中所处的位置；4～7岁他们随着与别人的接触增多而自我中心意识减弱。从7岁起孩子开始理解世界的运行机理，而到了青春期他们开始理解逻辑和抽象理论。[5]

皮亚杰的学习阶段理论对教育具有一定的指导作用。考虑到儿童与成人的思维以及看世界的角度不一样，那么适合成人的学习方式便不一定适合儿童。据皮亚杰的研究，儿童更多地通过行动而不是被动的观察来建构自己的知识和理解能力体系。教师的作用是为学生创设高效的学习环境，而不是向学生传授知识。教育的目标是使学生多提出问题，而不是不假思索地接受信息。学生自己设定学习的节奏，而教师只是在探索发现过程中的一个引导者。[6]

皮亚杰在20世纪20年代科学心理学刚刚起步的时候就开始了他的研究，但是他的观点直到20世纪五六十年代才开始流行。小学课堂里，教师也开始放弃传统的成排摆放桌椅式授课，而采用加强试验与小组讨论学习的教学模式，教师只充当引导、支持和强化学生学习的角色。与此同时，博物馆也开始重审自己的教育愿景。英国和美国的博物馆都开始认识到应该与学校教育结合，让学生们能把玩博物馆藏品中的一些物件，或者向学校出借这些物件。美国波士顿、布鲁克林和印第安纳波利斯开始建设儿童博物馆，并制作适合儿童探索和把玩的展品。但是，直到1964年麦克·史波克（Michael Spock）被任命为波士顿儿童博物馆的馆长之后，才带领博物馆真正开始将收藏的物件从玻璃柜子中拿出来展示，以提供给儿童探索的环境。正如第一章所描述的，布鲁克林儿童博物馆承袭了波士顿儿童博物馆的这个开创性做法，而第一个真正意义上的互动科学中心则是弗兰克·奥本海默建立的旧金山探索馆。

课堂学习的缺点在于严格按照时间规定制定的学习课程表、僵化的学习机制及有限的学习资源都阻碍儿童去探索完整的世界。而互动展览则用丰富的藏品和展品来保障孩子充分的探索和实验可能性，不受时间和铃声限制，只要他们有兴趣就可参与。因此，动手型博物馆所提供的学习环境事实上是提供一个空间框架，而不再是时间框架。互动博物馆，尤其是儿童博物馆将观众置于一个熟悉的学习环境中，有助于他们用新的视角和新的体验探索熟悉的环境和事物。互动展览通常能提供身临其境的环境，以此来激发情感，甚至挑战观众已有的观念和错误的观念。[7]

到了20世纪70年代,皮亚杰的观点已在许多圈子里行不通了,一部分原因是他的研究中存在很大的方法论问题,另一部分原因是各个年龄阶段的孩子行为表现与他所推断的并不吻合,尤其是每个孩子在不一样的年龄涌现出不一样的能力,表现千差万别,但是各年龄阶段的转变却是很微妙的,并不是爆发式的。不过,尽管有这样或那样的质疑,皮亚杰的观点还是很重要的,因为他认识到了儿童在不一样的阶段有不一样的需求,而且他们是在与环境的亲身接触及不断遇到问题和解决问题的过程中成长的。因此,关于儿童分阶段式发展的观念及通过与环境互动获得发展的观念仍是非常重要的。

皮亚杰的学习发展理论对动手型运动有一定的推动作用。互动展览所提供的学习框架与布鲁姆的学习分类法(taxonomy of learning)的三个领域相对应,即他们鼓励认知学习(知识与理解),情感学习(态度、兴趣与动机)以及心理运动发展(把控和协调的身体技能)。[8]

其他的一些学习理论也认识到每个个体有不一样的学习风格。例如,麦卡锡(McCarthy)的4MAT体系描述了4种不一样的学习类型:想象力学习者,通过倾听和分享想法来学习;分析学习者,通过思索循序渐进地学习;常识学习者,通过测试理论来学习;试验型/动态学习者,通过试验和试错来学习。[9]科尔布(Kolb)[10]和格雷戈克(Gregorc)[11]也建立了类似的框架描述不同的学习风格。其中一个基本的观点是并不是所有的学习类型都是在正式学习环境中进行的,而互动展览提供的非正式学习环境或许恰恰能为不一样的学习者类型提供有效的学习环境。

著名心理学家加德纳意识到了互动展览的重要性。加德纳将儿童博物馆比作心灵操场(play-grounds for the mind)——在这里孩子们可以找到他们感兴趣的东西,他们能根据自己的节奏自由探索,获取自己的理解力。[12]加德纳认为大脑能支持至少4种不同的能力或智力,而且这些能力在不同的个体、不同的阶段有不同程度的发展。

加德纳智力的7个领域为:

1. 语言智力：用语言来激励、愉悦、说服他人以及传递信息的能力。

2. 逻辑—数学智力：探索模型、范畴和关系的能力，以及能有所计划的、秩序井然地实验的能力。

3. 音乐智力：欣赏、表演与创作乐曲的能力。

4. 空间智力：感知与从思维上把握物体形式的能力，创造空间作品或在视觉与空间展示中取得平衡的能力。

5. 身体动觉智力：在体育运动、艺术和手工艺中的活动能力。

6. 人际交往智力：理解、交流和社会交往的能力。

7. 内省智力：理解自身的想法和感觉，独立工作和原创的能力。[13]

加德纳认为每个人都有一样占主导地位的智力能力，而这些潜在的能力在一个由时间限制的正式学习环境中很难被充分挖掘出来，而互动博物馆是非常重要的非正式学习环境，因为它各种各样的诠释技巧能激发多样的智力。[14]

总之，发展心理学家的研究促进了动手型运动的发展。皮亚杰等人的研究表明人是通过在环境中扮演角色，与环境的互动来学习的，且儿童与成人有着不一样的学习方式，甚至儿童在不同的成长阶段学习方式也不一样。加德纳、麦卡锡等人的研究则表明我们通过各种不一样的途径学习，加德纳认为正式的学校环境不能完全激发各个领域的智力潜力。互动展览能为各年龄层的观众提供丰富的学习资源，锻炼他们对环境的把控能力和自我探索学习的能力。这是来自理论方面的支撑，那么实践中的情形又是怎样的呢？

现　实

尽管有一些研究致力于如何改进公众与特定互动展品的互动效果，但是系统的关于在一个受控环境中观众如何学习的研究还很少。[15]前者更多的是实用主义的评估研究，关心单个博物馆环境的提升，而后者更多的是从宏观层面关心人们如何以及为什么学习。[16]评估研究可以归为应用研究一类：此类研究一般会调查参观博物馆的人群类型，参观目的以及展示设计的效果（如展品的空间摆放、标示的可阅读性），观察观众的行为和交流，或者考察哪些要素会影响参观效果（如已有的知识储备）。这样的应用研究对博物馆的运营有及时的借鉴意义，但是关于人类在科学中心与儿童博物馆中的人类认知和学习行为的基础研究却还很少见。[17]

伦敦科学博物馆在应用研究方面做了表率，聚焦于发射台和飞行实验室两个独立的动手型展区以及后来的教育展厅做了大量的评估研究。此馆也开始在有关观众的认知和学习方面进行纯理论的研究，此研究由史蒂芬森（Stephenson）在发射台展厅进行。他采用了一系列的调研技巧：如在发射台展厅中对以家庭为单位的观众进行跟踪，观察他们的行为，在参观之后及时对家庭成员进行访谈，且在几周后给他们寄去书面调查问卷，而且在六个月后对每一位家庭成员再度访谈。[18]他得出结论说儿童并非漫无目的在博物馆跑来跑去消耗时间，他们81%的时间都在与家庭成员或其他观众交流。参观之后每个人都能畅谈展品，而且几个月之后人们不仅能记得当时参观时对展品的操作，甚至能记得当时自己的感受。不过这种感受大多是关于展示效果的，而非自身的理解和解释。更重要的是，那些少有科学知识储备或没接受过科学训练的人也并不觉得发射台是种挑战，而且也不会为自己科学知识的缺乏感到尴尬。通常儿童会被展品所触动，有所启发，且视参观博物馆为一次有趣的教育之旅，而不会认为博物馆仅仅是个巨大的游乐园。总之，史蒂芬森的研究表明人们参观的体验和感受是持久的，而非一时的。尽管许多观众反映参观之后会对科学持更正面的态度，但是他并没有真正关注到参观博物馆的经历对理解科学以及态度的改变到底有什么作用。也就是说，史蒂芬森虽然展示了发射台在情感层面影响到了观众，但是却没有关注认知层面。

史蒂芬森认为只有系统的公开的讨论才能帮助博物馆理解互动的效果和公众理解科学。例如，动手型展品是与传统藏品放在一起，还是单独放在一个展厅配备专业工作人员效果好呢？史蒂芬森是伦敦科学博物馆的教育主管，他的下一任罗兰德·杰克逊（Roland Jackson）认为很有必要将前辈的发现深入研究下去，探讨观众在获得愉快的体验的同时，是真的在学习吗？尤其是，他们学到了什么以及是怎样学习的呢？测试和评估公众的行为表现相对简单，但是目前没有什么证据能将行为变化与思维和态度的长期变化联系起来。[19]

更多的研究都是提出问题，而回答不了问题。美国费赫尔（Feher）的研究将互动博物馆作为学习的工具，表明通过展品学习科学的过程是一个体验、探索和解释的过程。这个过程首先是观众参与，其次是观众通过自己的理解和阐释赋予展品意义。博物馆的环境在挑战观众的传统观念，打开新的认知世界方面具有巨大的潜力。[20]费赫尔的研究指出了这个领域许多不确定的、需要进一步系统研究的问题。例如，为什么就算面前的事实与观众已有的观念冲突，他们还会坚持错误的观念呢？[21]

总之，证据表明观众是完完全全喜爱互动展览的，参观互动博物馆的经验会改变他们对科学与其他领域的态度，而且他们会很长时间地记住这段经历。但是，观众是否真的学到了东西，是否修正了之前的错误观念却是有待证实的。对互动展览教育意义的推崇虽然很强劲，但是，[22]至此具体的证据却是零散的带有很大的故事成分。互动展览依然是非正式环境领域很大的一块有待挖掘的田地。

博物馆学习的社会语境

虽然史蒂芬森的研究已是在家庭团体中观察个体，但总的来说前述大多数理论与实践都侧重于互动博物馆环境中的个人学习情境。当然事实上大部分的观众都不是一个人来博物馆的，就算是单独来的观众，也会直接跟工作人员产生一些交流，或者通过阅读展品标识牌来间接交流。维果茨基在学习理论里添加了社会维度，认为多数学习都是文化相涉的，通过共同的语言或者与家长、家庭成员、朋友和媒体的交流等社

第二章　教育学语境　　31

会语境进行。[22]儿童的智力通过直接或间接经验发展，维果茨基展示了高级思维的发展取决于他们掌握越来越多的概念——理解的概念越多，越能最大限度发展智力。[23]

成年人便扮演着帮助儿童学习非常重要的中介角色。促成（enabling）和解说（interpretation）人员在学习过程中的作用将在第七章中详细阐述，而这章则集中谈论以家庭为单位的社会语境中的学习。家庭都希望寻找既有教育作用又能娱乐的好去处，这部分人组成了互动展览的大部分观众群体。美国的统计数据显示，1984—1991年参观博物馆已成为家庭活动的首选。[24]如果只用数字来衡量互动中心是否成功的话，那么它确实是满足了家庭需求的。但是，光是数字并不能全面地反映家庭参观的质量和性质，尤其是家庭成员之间是如何互动、如何学习的。虽然小规模的评估研究试图展现博物馆学习的全貌，但还未见系统连贯的测评技术。[25]最近富兰克林学院的明达·博润（Minda Borun）在四家科学中心进行了以家庭为单位的观众行为研究，建立了一套指标来评价观众在博物馆里的学习效果。[26]这部分将以欧洲和北美重要的互动博物馆的例子来说明。

伍德（Wood）强调了家庭参观对博物馆长远发展的重要性，这是因为人们对娱乐项目的偏好选择可能受家庭娱乐经历的影响，这种影响可能比学校组织的教育活动要深刻。美国的一项研究就表明爱逛博物馆的人中，有60%的观众说他们对博物馆的兴趣受儿童时代家庭参观经历的影响，而只有3%的人是受学校参观活动的影响。[27]家庭参观博物馆的经历不同于其他形式的参观，虽然每个家庭到馆的参观安排不一样，但是来自欧洲和北美的研究却表明家庭能在博物馆氛围的建设中发挥非常重要的作用。[28]家庭一般都是带着娱乐与教育的双重目的而来；但我们越来越明显地感觉到家庭参观的愉悦不来自展品本身，而是能有一个公共场所提供给家庭成员亲密相处的环境。现代家庭收入的增多往往伴随着娱乐时光的减少，因此家庭成员会更加珍惜在一起的时光，家庭出游成了维护家庭关系的纽带。家庭游览博物馆很少会提前一天以上做计划，而且博物馆在家庭出游中很受欢迎是因为它能提供一个安全的探索空间。有些研究已经注意到博物馆的仪式感以及它能起到的黏合作用。[29]

博物馆这一基于一手经验的互动平台可以展示真实的物品和可重复的科学现象，从而对整个家庭的博物馆之旅都产生积极作用。此外，如果个人兴趣能被好好地引导的话，那么博物馆之行一开始就已经成功了。[30]

有一些研究聚焦于家庭行为（如团体交流、时间分配和日程安排）和家庭学习的特质。这些研究结果显示每个家庭在不同的博物馆里有一致的表现，而又与别的家庭表现各异。[31]早期的许多研究集中于描述观众在特定的展品中的行为表现，而后期的研究更多的是系统性地考察家庭团体在整个参观过程中的表现。例如，戴蒙德（Diamond）研究了家庭在科学中心里的教育行为，发现家庭的平均参观时长是两个多小时，平均会与62件展品进行互动。家庭成员一般在动手操作展品之前不会阅读展品提示，只有在他们操作不成功时或者他们已被展品吸引注意力时才会去阅读标示。儿童相比成人更喜欢去操作展品，而成人更倾向于阅读标示和图表解释。除去喝咖啡、去商店、去厕所和等待家庭其他成员的时间，一般80%～90%的时间都会放在展品上。[32]

最近的一项在英国一家小型科学中心——克利索普斯发现中心（Discovery Centre at Cleethorpes）的研究发现，观众在每件展品上花的时间最多为44秒，而在馆里待的时间平均为21分钟（少的5分钟，多的50分钟）。在这个科学中心的一个只有29件互动展品的展厅中，学习效果就值得怀疑了，尤其是在展品能引人注意的时间如此之短的情况下。虽然观众对展品的娱乐与教育价值的评价绝对是正面的，但是观众真正的学习质量还是值得质疑的。研究还发现观众随着参观的深入会对展品有所选择，他们只会在少数几件展品前长时间停留。[33]

当然，观众在一个博物馆或科学中心中所花的时间很大程度上受展品多少的影响，很难期望观众在一个非常小的发现中心会花两小时。福克(Falk)在两家自然博物馆里对于家庭参观的研究表明，他们的时间分配能分成四个阶段。

1. 找方向与熟悉环境阶段，持续3～10分钟。
2. 集中参观阶段，持续25～30分钟，这期间集中精力与展品互动。
3. 展品巡视阶段，持续30～40分钟，观众会大致巡览一遍各个展品。
4. 离开前准备阶段，持续5～10分钟，观众会去商店、寄存柜和厕所。[34]

麦克马纳斯(McManus)将家庭团体在博物馆中的表现比喻为"合作狩猎团体的积极捕食"行为，"他们根据自己的兴趣爱好寻找感兴趣的话题和展品，以及博物馆里专业的收藏和研究，来满足自身的好奇心和兴趣"。麦克马纳斯认为通常家庭中父母在展区展项的选择、参观顺序、信息收集方面起主导作用。家庭通常会有目的地以松散组织的形式参观挑选的区域，而孩子会在参观中发挥主动性作用。当某一个成员对某项展品感兴趣，他会与其他成员分享，父母会对此展品进行品评，并向孩子进一步解释展品的含义。如果家庭是心情放松的，合作气氛是和谐的，那么参观会有更好的效果。[35]

麦克马纳斯在之前的研究以及别人的研究基础上，对家庭在博物馆期间的参观行为进行了人类学分析，评论者一致认为在欧洲和北美不同类型的博物馆研究结果有很大的一致性，而唯一不同的是对不同性别人群特定表现的理解。福克与迪尔金(Dierking)总结说一般母亲相对别的家庭成员来说不太关心展品，而且妈妈与儿子交流的时间要多于与女儿交流的时间。[36]而麦克马纳斯发现这个结论是不确定的，并认为还缺少更多的证据，如爸爸妈妈儿子女儿一同出现的场合少，而且儿童的年龄差异也要考虑在内。[37]

总之，我们可以得到以下结论。

1. 家庭参观博物馆一般是非正式的、非结构性的，一般不会提前一天以上做计划，参观博物馆的行为是加强家庭关系的纽带。

2. 家庭都有自己的行程安排，但是这安排之中一般都会将在非正式环境中学习的任务考虑在内，如将娱乐与教育联系起来。

3. 在不一样的博物馆中家庭的行为表现出一致性，在北美与欧洲都是如此。

4. 家庭成员会像逛商店一样浏览一遍展品，直到他们找到自己感兴趣的才会真正停下脚步认真看。

5. 父母一般会选择一个展区慢慢探索，而孩子一般会挑单个的展品把玩。

6. 大多数家庭成员在动手操作展品之后才可能去阅读展品标示。

7. 孩子更倾向于动手操作，而成人比较倾向于阅读展品标示。

8. 家庭的表现和学习效果受展品类型的影响，也受到展品摆放在哪一层的影响。[38]

以上结论总结自欧洲和美国有互动元素的科学博物馆、动物园与水族馆一些小规模的研究。研究发现家庭行为有一定的一致性，但是也有些差异性（如不同性别特定行为的差异），这可能反映出不同国家文化背景的差异，也表明了进行进一步大规模长期研究的必要性。目前，我们还不能确切地知道家庭观众在互动型历史或艺术博物馆是如何表现的，以及在世界上其他国家的博物馆行为会不会有什么不一样。

在"台湾故宫博物院"（非互动型）进行的一项小规模比较研究倒是证实了家庭在其中的行为表现与英国和美国的研究发现一致。但是此研究还发现中国的家庭是会阅读展品标示的，而且在交流过程中不仅是父母会充当教师教孩子一些知识，而且孩子也同样会扮演教师的角色，教其他同伴知识。[39]此研究的作者将产生这个现象的原因归结于中国传统文化对教育的重视，以及父母对孩子较高的期望。

博物馆学习的物理语境

互动展览推动者的出发点是为展馆带来热情的、吸引人的、非正式的、舒适以及简单易懂的学习环境。[40]假定家庭是带着休闲和受教育的双重目的而来，博物馆环境则应该加强参观的社会语境，而这种社会环境应该是友好的、易融入的、活跃的、兴奋的、动态的、温暖的、激励的且易于启发思维的，这种社会环境富于动感且充满乐趣。除社会语境之外，他们还假定注重人类的基本生理舒适度，则会有助于加强参观的效果。而要为观众提供适宜的博物馆学习的物理环境则要从多维度考虑，例如：

- 当观众到馆的时候，能否明晰博物馆展览的主旨？
- 常规展览和活动项目有没有清晰的展示？
- 有没有提供清晰的地图？
- 有没有包袋和大衣寄存柜？
- 有没有寄存儿童车的地方？
- 有没有租借儿童背带的地方？
- 有没有方便儿童使用的厕所？
- 有没有单独的哺乳室？
- 有没有给孩子喝的水？
- 咖啡吧售卖的食物和饮料价格是否合理？
- 有没有地方方便吃自己打包的食物？
- 有没有足够的休息座椅？
- 展品是否多样化，既有适合儿童的也有适合成人的？
- 展品设计是否考虑了激发父母和孩子的互动？
- 展品是否适合残疾人操作？
- 展品设计是否考虑儿童的身高？
- 展品标示儿童是否能阅读？

·对于学有余力的儿童或者成人能否提供额外的信息？

这么一个长长的表单也很难穷尽要考虑的方方面面，但是它或多或少地指示了要想为观众提供舒适的物理环境，就要考虑这方方面面的内容。每一件互动展品的挑选、每一件技术制品、每个结构、每个标示或图像都在向观众传递信息。一个有效的展品要求好的传播策略，这要求博物馆设计的每个细节都能帮助观众理解他们所处的环境，能激励他们与展品互动，且能强化互动的效果。

观众的参观方向引导也是传播策略很重要的一个方面。它包括四个要素：引导观众参观路线的地理方向，启发正确思维的心理框架，鼓励理解展览内容的智力模式以及帮助观众展开联想的概念导航。如果观众在地理与心理方向上能得到较好的引导的话，那么随之智力与概念联想能力也将更好地被激发。[41]除了实物展品、图片、模型、视频影像和计算机辅助之外，语言也扮演着重要的传播角色，无论是书面的文字标示还是解说员口头的导览解说，都是很好的辅助。

联系成人与儿童

一般来说，半数到互动博物馆参观的是成人。成人在展览教育成功与否的过程中起到非常关键的作用，如对较难懂的展品进行说明解释，帮助孩子去理解。因此，成人在参观过程中本身也成为传播的媒介，所以必须尽一切努力确保成人参观的舒适度（如提供足够的座椅、干净的厕所、咖啡吧、婴儿照看设施等）。[42]如果他们觉得不舒服，显然他们会带孩子参加其他的活动。此外，如果家长觉得不好的话，那博物馆也很难吸引回头客了。

如果家庭中的成人能感觉到展品是为孩子设计的话，那么他们一般都会有正面的评价。需从展品的物质材料所展现的展品形象，到观众参观路线设计，再到整个展厅的布局和设计全面增强展品实物的可触知性。展品的大小与结构、展品材料和颜色的选择、展品制作的质量、楼层布置与灯光设置都构成观众印象和认知的一部分，都在学习过程中起着某种决定作用。

当然正确心理导向的作用不可强调过头。互动展览的概念毕竟对那些对博物馆的印象还停留在"不可触摸"认知阶段的公众来说是陌生的，由于成人缺乏预先的知识准备，因此有些家庭不能最大限度地利用互动的机会，从而不能很好地达到博物馆期望的效果。这就出现了许多家长会站在后面看孩子自己操作，而不会参与互动的情况。例如，尤里卡儿童博物馆 1992 年刚开馆的时候，儿童博物馆的概念在英国公众心里还是很陌生的，于是家长在陪着孩子去的时候一般都是在后边看着，帮孩子拿衣服，而不会在孩子的博物馆学习中贡献一份力量。因此博物馆的路线设计必须要有助于鼓励成人和儿童一起分享互动过程。

另一个非常难的事是为小朋友提供必要的设施。小朋友需要的物理条件与成人的迥异。要设计一个能在多个层次运作且又适合小朋友的展品非常困难。那么问题就来了，即要不要为 5 岁以下的儿童专门设计展厅。为小朋友设计专用展厅固然是个好办法，但这又会引发新的麻烦，如有不同年龄层次的孩子的家庭就不好安排。一个更切实际的办法就是不区分展区，但是在特定的展品前标明哪些适合小孩子，这便能保障在同一个展厅中成人与大一点的孩子互动的同时能照看较小的孩子。

父母带着孩子参观博物馆，很自然是要注意孩子的安全的，因此，在 5 岁以下儿童的玩乐区配备一名工作人员是比较实际的，这样就可以使它不与其他区域混合起来。父母肯定不希望在没人照料孩子的情况下让孩子离开视线，所以 5 岁以下儿童的区域要设置在视野开阔可见之处，以方便父母和博物馆员工照料。

互动展品的设计

基于前文已讨论过的学习理论，我们认为展品的设计应考虑这样一些因素。

1. 具有直接、明确的可操作性，且有明确的操作反馈。

2. 有清晰的目标，用激励的术语鼓励观众通过身体接触参与，来增加科学知识和对科学的理解，或使他们的感受与观念得以提升（如心理运动、认知与其他感受性效果）。

3. 凭直觉就能操作，不需要过多的阅读标示。

4. 展品需要的智力水平富有层次，能适合不同年龄和能力层次的人。

5. 能激发朋友与家庭成员之间的交流。

6. 有开放性的富于探索性的结果。

7. 是基于研究的已有知识，符合目标观众的理解水平，不能包含令人迷惑不解的信息。

8. 能多方面地刺激感官，利用多样的解释技术，能吸引不同兴趣爱好与学习风格的人。

9. 展示的东西对观众有适当的挑战性，但又不过度，能使观众树立信心。

10. 能使观众感受到愉悦，并且能让他们感受到相比之前确实学到了一些东西。

11. 设计得精细、安全、稳定耐用且易于掌握。

设计互动展品是一项非常艰难的挑战。一位资深的互动展品设计人士这样说道："我们不要期待尽善尽美，而是尽量做到不要失败得那么惨就不错了。"[43]这话听起来是有点儿沮丧，但是这确实给了那些怀揣设计出完美展品的人一个痛苦的提醒。一件成功的展品要能改变观众被动观望的角色，"带动身心懒惰的人成为思维健将"。[44]相反，一件不成功的动手型展品可能得到的观众反应是："那又怎么样？"这种情况往往会发生在昂贵的科技含量高而低水平互动的展品身上。确实，简单的理念往往是最好的！如果在所有的展览情境中都利用互动展品也是错误的观念：互动展品确实是一个吸引人的展览媒介，很受观众欢迎，但却并不适合每一个故事场景。

想要设计出一个有效的互动展品，就要面临许多问题。尤里卡儿童博物馆这个著名的儿童博物馆的展品设计就受惠于原丹佛儿童博物馆的展品设计专家。他对尤里卡的设计团队有两个忠告：一是展品的质量要不亚于军品标准，二是观众会做出你永远无法预想到的行为。只要某个动作是可能的，观众迟早有一天会去尝试。那么设计者就要提前考虑到这个问题，提前预防展品及观众可能发生的危险。因此展品必须以最高安全等级的标准来设计，如要预防观众拆掉部分零件，也要避免展品有锋利的棱角弄伤观众。

如果说展品设计的首要要点是能接受你不可想象的观众行为，那么第二要点就是如果展品被弄坏了，责任在博物馆本身，而不应该怪罪观众。身体安全还只是一个方面，而如果展示内容使观众感到迷惑或不理解的话，那就得怪展品设计者了。展品设计一次就想达到理想的效果也是不可能的，而是要经过多次改善（比较理想的是在放进展厅前能有个模型测试期）。在展品的设计中还有许多事实是需要考虑的：如就算某一系列的展品按一定的理念组合在一起，观众依然不会按设定的路线去探索展品。事实上，相邻的展品有时反而在吸引观众眼球方面是竞争关系，也就是说当有一个非常受欢迎的展品出现的时候，其他展品很有可能会被忽视。

展品的物理形态设计是非常重要的，因为前来参观的观众的身高、体型都是不一样的，还有一些是残疾人，而且他们有着不一样的文化背景，有不同层面的兴趣与理解力。展品的形象、结构、图表与颜色都会影响观众的反应。例如，怎样使残疾人也能方便地使用展品，人体工程学、可见性、操作产生的噪声等要素都是应该妥善考虑与评估的。单单选择一个好的操控方式就是一个艰难的决定。例如，滑轮、杠杆、各种类型的电子手柄、电脑的显示器、鼠标和触摸屏等设备怎么安放都是需要考虑的。然而并不存在一个理想的解决方案，例如，滑轮的操作把手放在底下的话可以保证观众能使出更多的力气操作一个比较费劲的杠杆，但这样的设计可能就不适合别的展品。有些展品的操作手柄就要设计得高一点，只保证手指能碰到，这样能保证展品不被破坏（虽然这可能会给一些坐轮椅的残疾人带来不便）。可见，许许多多的因素都影响决策，理想情况下展品操控方式的选择应该是有利于强化展示理念的。例如，一个展品展示的是杠杆原理，那么最理想的操作把手就是杠杆本身。[45]

每一件展品都要设计得坚固耐用，且方便维修，采用的零部件尽可能是博物馆能从当地获取到的，而且最理想的是使用的零件在整个博物馆中都是通用的。因此，我们就能理解为什么一些基本的组件都要设计成标准化的，如计算机、开关、水泵就倾向于在众多的展品中都是通用型的。如果展品能较为方便地移到工作室去维修，那就能避免公众看到的都是坏展品的情况。如果不方便移动，那就要保证零件容易替换，这样便于在原地维修。这也是对一个受过良好训练的技术人员的基本要求。

文本的角色

好的展品要保证一看就知道怎么使用，而不需要通过阅读复杂的文字标示。但是，文本和辅助图片能帮助观众更好地理解如何使用展品。一个普遍的现象是儿童不会阅读文本就开始动手操作展品，而家长通常会站在孩子后面阅读标示。如果展品不是一看就懂，那么图表就必须清晰地指示该用什么样的物理动作操作展品，否则观众就会很疑惑。理想情况下，文本标示应能清楚地说明展品的教育价值，能让家长知道怎么加强对孩子的教育，否则就算展品是有趣的，也不能达到好的教育效果。[46]文本扮演着复杂的角色，它不仅要好理解，对儿童有吸引力，还要对成人来说也是有趣的，要有助于激发家长跟孩子一起讨论。

我们通常会假定观众面对互动展品都不大会阅读文本标示。研究表明，这样的假设太简单化了，虽然大多数家庭（尤其是儿童）都是在阅读文本之前先动手玩展品，但是之后他们确实会阅读文本标示，尤其是操作不成功的时候更会借助文本指示。[47]而且，观众通常会在博物馆参观的前面部分时间看文本，而到了后面的参观疲劳阶段，就不再关心文本了。[48]

家庭把看展览作为一种社会活动，他们一般会把文本中的一些片段带入谈话内容中。交谈中加深了对文本片段的理解，组合起来就可以帮助对文本的解读。所以文本如果能用谈话式的风格来写的话，便有助于跟交谈中的运用相互促进。[49] 展品的整体诠释框架需要将博物馆主要的展示理念诠释给观众。博物馆整个诠释的框架都要向观众突出主题，而这个主题是博物馆最想传达给观众的东西。其他的所有东西都是为传达这个主题服务的。而这个诠释框架是按重要程度分层次的，从必须要传播的信息，到应该传播的再到我们觉得想传播的（能够理解到各层次的观众是递减的）。[50] 在一个互动空间里，很可能只有前两个层面会得以有效表达。

对于孩子来说，一个有效的文字展示必须是简短的，需使用通俗的语言，一次不要有太多要点。要用简单的字体，采用传统的大小写方式，用黑白颜色让有生理缺陷的人也能看明白。[51] 要保证文字标示的有效性，需要注意四个步骤。

1. 要有明确的目标观众。
2. 文本的语法和可读性要做分析。
3. 文本要通过在目标年龄群的语言发展方面有专长的语言学教师审核。
4. 最重要的是，文本要经得起儿童的考量（可能需要用模型和图形做辅助阐释）。[52]

展览阐释框架须通过文本来实现几个目标。序厅清晰的地图导览和介绍性文本能够帮助观众定位地理导向（geographical orientation）和心理导向（psychological orientation）。每个展厅醒目的标题能从概念上引导观众，而展品前清楚的操作指示是重要的思想导向（intellectual orientation）。如果文本标示所用的语言不能简洁明了地说明展品是关于什么的，那么展品就会被认为是无聊的，甚至是无序的。[53] 背景信息能进一步帮助思想导向的定位，这也是多层次的——或许背景信息应用更小的字体使之与操作指示区别开来，而且，假设一般是成人才会去读更多的背景信息，那么文本的位置应该放高一点。而这个策略也被用作给教师和家长提供额外的补充信息，这样他们可以对孩子在展厅能进行什么活动给出建议，或者还能指导孩子回家或回学校后再进行后续的活动，从而来加强学习效果。给成人提供一些特定的信息，让他们知道孩子可能从中学到什么，或许能将感觉无聊的家长转变为积极的参与者。

图形的角色

图形形象也和文本一样，在传播策略中是必不可少的部分，它能够辅助博物馆进行理念诠释和定位过程。图形有着自身的独特性，能让不识字的或者说不同语言的人都能看懂。图形有多种使用方式：

1. 辨析分区与主题。
2. 创造环境。
3. 加深某一特定展品的信息传递。
4. 在展品和服务上都有指南的功能。

正如企业形象从总体上规定了其各个细节的设计框架一样，博物馆也是如此，其图形设计要符合整个馆的气质。这既能保持视觉上的统一性，又能强化主要展品的信息，这些在观众定位中都非常重要。这并不意味着图形一定要全部使用单一的风格或方法，而是说要有一个整体的图形构建的框架。而框架的任何改变都是要服务于特定目的的，且是公开的决定，而不是临时决定的个性化风格，因为这会使观众感到很困扰。

不管是在整体的地理导向还是在展品的诠释（exhibition interpretation）中，那些专门为孩子设计的提示信息在成人眼里一般都被认为是值得肯定的，因此能强化心理导向。图形的设计可以创造学习的氛围，能帮助确立概念导向（conceptual orientation），同时象形图还能将展品操作方法简单地表达出来，从而能帮助确立思想取向。俗话说"一图胜千言"，在博物馆语境下非常适用，但图形一定要清晰、简洁和紧扣主题，要能吸引小孩且容易读懂。一个复杂的图形或卡通画只会适得其反。

图形可能会传递意想不到的信息，如关于公平的机会。一般说来，文字是相对好把关的，能保证任何民族和性别的人都没有特权也不会被排除在外，但是图形的情况就要更复杂一点。有人物形象参与到故事线的展品中，情况就更复杂。采用单一的人物形象是很难把握的，有时人物形象的性别的选择也会具有误导性，因此我们通常会用动物或外星人来代替。但这显然也不是理想的解决方案，因为公众通常会对人物形象的内涵进行不一样的解读（如尤里卡儿童博物馆的"暴走机器人"（Scoot the Robot）是无性别的，但是一般观众会将其视作男性）。在尤里卡儿童博物馆所做的一项观众调查表明，通常一个小小的绘制风格的改变都有可能引起公众理解方面巨大的变化。

简言之，图形在抚慰观众心灵、帮助观众理解知识方面能起到积极的作用。一个展区周边的文字、图形、实物、模型、视频和计算机等辅助设备如果能统一到整体的传播策略中，那么就可以认为是好的传播。

案例研究：尤里卡儿童博物馆的传播策略

建于1992年的尤里卡儿童博物馆的目标观众是12岁以下的儿童和陪同来的成人。博物馆采用醒目的字体和颜色来标注展厅主题，所有的展品和相关的教育读物等辅助产品全都采用统一的标志，运营团队试图将图形、文本和展品统一到整体的传播策略中。由著名童书作家、插画家北村悟（又译为喜多村惠）绘制的儿童书籍在博物馆外醒目地展示，作为博物馆整体印象的标志。这一策略最早源自委内瑞拉首都加拉加斯的儿童博物馆（Museum de Los Niños），旨在为儿童和成人营造友好的参观氛围，从而初步确立参观的心理导向。而地理导向则由广泛的标示指示体系来提供，如悬挂的每个展区主题的指示牌，北村悟的卡通画等。尤其是针对小孩子厕所门牌设计的卡通画，着实幽默可爱，非常吸引小孩，甚至成人。

同时在方向指示上也有一贯的策略，每一件展品都要求根据以上的模式做出调整。其中最大型的展项——"我和我的身体"——便淋漓尽致地展示了一致的传播策略。这是唯一有单独的方向指示区域的展项，尽管展品有不同的形式、大小尺寸，但不管是展品、图形还是文本，风格都是统一的。"暴走机器人"发出声音，问小朋友们关于他们自身的一些问题，也就是说，让孩子参与其中，来认识他们自身。展区还组建了一系列简短的活动让儿童和成人观众可以参与，而这样的活动必定是一看就懂，容易上手的。[54]

每一件展品都有醒目的标题，通常是用问题的形式来吸引孩子的注意的，并辅以简单的图形和文字说明（如用橙色字体，写上"做"）。展区还用插图的形式，使得不同性别、不同民族和不同年龄的孩子都能看懂，而不至于被排除在外。整个展厅的物理外观是卡通的，符合孩子的趣味。这个展区之所以成功，就因为它的学习环境定位非常清晰，且每一个展品都有其独立的知识点，而各个独立的展品组合起来又能达到累积的学习效果。尤里卡儿童博物馆工作团队从现有的关于儿童认识自身的研究中汲取经验，还吸纳了健康教育中的一些理念，因此运作得非常成功。展品中对于孩子认识自身设置的一些问题正好是孩子在生活中常会遇到的问题。展品的辅助信息一般设置在成人视线所及的范围内，而更多的背景信息则放在展厅中安静的区域供有兴趣的孩子和成人查看。此馆还提供了博物馆"护照"，通过在到访过的区域上盖章来增加吸引力。

"我和我的身体"展区所体现出的这种展示策略统一性在其他展区如"生活与工作""发明与创造"（后来命名为"发明、创造、传播"）则体现得不是那么明显。"生活与工作"展区塑造了一系列的市政空间场景（如家庭、商店、银行、车库、邮局、工厂与回收中心），让观众在其中进行角色扮演，并考察其中一些简单的技术。其中每一个小的场景都是由不同的小团队来设计的，因此尽管总体设计模式是一致的，但是场景间使用文本和图形的形式方法都有细微的差别。这就使得学习语境相对不那么好理解，尽管各个空间场景都给出了一些简单的方向性指示，但是整体效果还是不尽如人意。

总的来说，文本与图形在这个博物馆中扮演三种角色，即操作指示、背景支撑信息、角色扮演建议。不过通常，角色扮演不是通过书面文本，而是通过博物馆解说员的口头互动达成的，他们通常得专注于解释展品的功能。例如，在商店的场景中，博物馆工作人员不得不频繁地监管备用现金（真实的钱）的使用，而没时间去引导角色扮演。[55]

"生活与工作"展区内容的多样化既是一个优点也是一个缺点。优点在于总能给人期待，期待在某个角落出现惊喜，而且相对小而私密的空间能提供给人好的学习环境。缺点在于如何在平常现象的展示中突出异常之处，怎么才能使传播策略具有整体一致性，这些还是做得不够。

"发明、创造、传播"展区则是一个比较传统的互动科学展厅，相比"生活与工作"展厅缺乏私密学习空间的营造，同时也不如"我和我的身体"那样具有一致性的传播策略。这个展厅为儿童提供了一系列使用传播科技的机会，并营造了一系列使用传播技术的场景（如荒岛上原始的传播技术、游艇上危急信号的传播等），同时展厅还设置了一些传播游戏，来让观众体会每一种传播技术的优劣之处。此展厅也设置了一个"鹦鹉学舌"（Squawk the Parrot）的角色来辅助解释传播技术，但是却不如"我和我的身体"展区中的"暴走机器人"对展览目的表达得那么清晰，也没那么吸引人。

总之，这个展区不太成功的原因很多，其中之一是使用传真或可视电话等真实技术，这些技术往往都需要非常详细的操作指示（即使博物馆里摆放的真实仪器已经是简化过的）。另一个困难是传播设备的使用往往需要两个人站在较远的距离来互动，即便设备已经用不同颜色的线缆连接，帮助观众理解，但是观众往往不大能及时明白这个展品需要两个人站在较远的位置互动操作。就像在"生活与工作"展厅的商店场景里，现场指导人员往往陷入无尽地解释这些技术的功能的境地，而没办法去激发观众进行角色扮演。

综上，尤里卡儿童博物馆的成功源自它目标群体清晰，那就是5～12岁的孩子和陪同来的成人，为他们提供一个清晰的学习环境。它所有的传播策略都有一以贯之的理念和风格，不断向观众传递这样的信息，即这是一个通过主动探索来学习的空间。不过，在这个总体的框架下，有些展厅做得比另一些更加成功。这些展厅大都是近两年才建立起来的，因此除了基本的展览概念之外，还没有经过权威的系统评估。"我和我的身体"展区之所以成功是因为尤里卡儿童博物馆团队将儿童教育学知识运用到展品中，而"生活与工作"以及"发明、创造、传播"展区则更多的是实验性质的。早期的评估研究表明即使成人能理解博物馆设置的教育语境，但他们也常常会感觉需要更多的信息来告诉自己怎么扮演角色来促进孩子学习，以及各个展品适合什么年龄阶段的孩子玩。此研究表明，在参观方向的整体控制上以及在地理导向的细节上，该馆都有很大的提升空间。[56]

博物馆收藏与动手型展品的混合使用

正如第一章我们已谈到的，许多传统博物馆逐渐吸纳动手型展品。博物馆教育专家在鼓励观众从藏品中学习方面有丰富的经验，但这通常都要在一个可控的环境中进行。近年来，许多博物馆开设了探索发现厅，所有的展品都是可以动手操作的。1977年开放的加拿大安大略博物馆是首批开设发现中心的博物馆之一，它的尝试取得了巨大的成功，不管是观众还是博物馆评估方，都给予了好评。1983年安大略博物馆将动手展厅扩建到260 m^2，重新开放。这一展厅采用了各种技术手段，如将展品置于开放式展架及探索式盒子和抽屉、探索小径、触摸墙及使用科学设备更真切地审视展品等，旨在让成人和儿童都能直接地接触标本和其他展品。传统的博物馆参观路线是线性的，观众一般是被要求按照已设定好的顺序来参观的。但评估研究发现观众实际上并不会按照预设的路线与展品互动，而是根据个人的兴趣较为随意地选择展品，而且他们更多的是通过分享式的解决问题来学习的，而不是通过预设好的探索之旅。在早期评估研究的经验基础上，安大略博物馆于1986年对展厅进行了改造，1989年又发行了一本参考手册，以供其他博物馆参考。[57]

传统博物馆将藏品与互动展品一起放置过程中需要考虑的问题是：确定具体什么区域应该是二者并存，如何才能使这两种展品都发挥最大的价值。在博物馆展厅(或在某些博物馆的独立展厅)内融入动手型展品不一定与博物馆其他核心功能不兼容，但二者不可避免会有一些冲突。例如，互动展厅可能会将藏品和文件本就稀缺的资源拿走，或者原有历史藏品的安全受到动手模式的威胁，抑或互动展厅鼓励的参与行为引发了观众在临近展区不合适的表现。

  动手型展品也并非适用于所有的展览主题。危险在于，如果博物馆的展示方法简化为单一的参与活动，那么高度筛选过的和极为肤浅的内容很可能会扭曲历史或科学事实。举例来说，物理学原理是非常适合用互动展品展示的，但是其他科学现象，诸如不可逆的或不可重复的、反应过快或过慢的、规模过大或过小的科学实验或现象，就不太适合用互动展品的形式来展示。[58]而且，"科学是有趣的"这样一种理念也有可能被误解，因为科学进程大多数情况下还是缓慢、烦冗而又无趣的。同样地，虽然通过互动展品来探寻历史是很有趣的，但并非是在所有的历史事件和时间上诠释"历史是有趣的"观念都是合适的。例如，"想要感受下人类屈辱的极限，便试戴由设计者定做的奴隶项圈，听着其他家庭成员叫你'智力障碍者'，这可不是什么好的体验"。[59]所以说，虽然动手型展品是一个极具吸引力的传播媒介，但它并不能取代其他的传播形式，它不能单独地讲好整个故事。

  问题的本质还不是藏品与互动展品能否在博物馆里和谐共存，而是互动展品能否设计得更好玩更有助于加深对藏品的理解。布鲁克林儿童博物馆有一件叫"事物的奥秘"的展品就是特地为揭开博物馆藏品的神秘面纱而设计的。伦敦科学博物馆一个称为"物件"的新展厅也是类似的旨在用动手型技巧来吸引小学生的。而格林尼治的海事博物馆里"全体船员"展厅将藏品与互动结合起来作为博物馆展示的关键要素，且建立了全面的评估制度。只有通过全面的评估研究，博物馆才能确定藏品与互动展品以及其他生动诠释方式的并存是不是真的有助于观众理解博物馆的收藏，是否真的能实现观众通过有限的"动手"就能引发"动脑"。

一类是包含一整套解释工具，为互动的目的建造的博物馆；另一类是仅添加一些动手型展品作为点缀的传统展厅。二者泾渭分明。实物藏品与展品的混合使用引发了关于博物馆的许多问题。

1. 为什么博物馆要引入动手型展品？是为了教育的需要呢？还是仅仅是为了应对不断下降的观众量而跟风？

2. 互动展品的使用会使观众量上升吗？还是博物馆这一媒介从生命周期上来说已过高峰期了？

3. 传统的博物馆是否能跟为动手而建造的博物馆抗衡？

4. 博物馆是否应该不要只顾迎合当下的市场需求，而应该将重心放在收藏上呢？

5. 引入动手型展品的博物馆是否考虑了所有的问题：动手型展品要占很大的空间，需要定期的维护，展品可能只有 5 年的寿命，动手展厅可能占用藏品和文件本就稀缺的资源，并且互动需要专业的解说人员。

6. 博物馆应该冒险在动手展示中使用藏品吗？

7. 动手型展品的添加会改变博物馆的性质，这会误导观众在别的博物馆也表现出不合适的行为吗？

8. 并非所有的主题都适合动手行为。因此对传播媒介的选择是否存在这样的风险：科学与历史的展示变得具有选择性且浮于表面？

9. 有什么证据可以证明"动手"确实引发了"动脑"？在藏品与动手型展品并存的博物馆里，如何设计动手型展品才能提升公众对博物馆藏品的理解？

建构主义博物馆里的学习

本章阐述了有关个人与家庭群体在互动博物馆环境里学习的理论与实践，发现了观众的博物馆体验有赖于个人的、社会的和物理情境的不同。在传统的博物馆学习就好比传统的授课方式，是展教人员通过叙事故事线将他们所拥有的专业知识传授给观众,这种传授方式是渐进式的、线性的。在动手型展览里,也不可避免地会向观众传递博物馆"专家"方想要观众接受的那些信息,但是传递方法是让观众自己去探索发现,而不是被灌输知识。儿童博物馆的展品就应该是与儿童所熟悉的环境相配的。而在科学中心里,展品的组合方式是根据一定的物理过程(physical process)而定的,不管哪种方式,都不再是传统意义上线性的模式,因此每个单独展品又是独立的、可以单独体验的。当然,就像费赫尔的研究表明的,观众很有可能带着被误导的观念离开,这也正是许多科学家观察动手型科学中心时发现的麻烦,也是为什么评估都会非常在意观众所获得的信息。[60]但是,理论研究表明观众是从经验中学习,继而在自身经验的基础上通过与各种展品的互动学习,这个过程中会挑战他们固有的观念,改正他们以往错误的理解。

不管是传统的学习还是发现式的学习都有一个预设,那就是有一个正确的知识体的存在,在这样的预设下不同的展示手段不过是用不同的方式使得观众能到达"真理"的世界。还有一种理论模式较少地关注知识体本身的重要性,而是关注学习的过程,尤其是关注观众的兴趣与需求。建构主义认为学习者不是简单的在原有知识的基础上添加新的知识,而是随着他们与世界的互动而持续性地对所获得信息进行再加工,也就是说,他们通过与世界的互动不断地建构自身的知识。

建构主义博物馆接受观众基于访问中个人、社会与物理语境来建构知识的观点。文字等辅助材料是用来满足作为主体的观众教育需求的,而不是为展品这一客体的叙事故事线服务的,也不是作为社会、政治、文化或历史的背景,或是藏品本身的属性的。也就是说,展品的诠释没有单一的路径,由于每件展品都是独立的,那么观众可能随时会进来或离开一个展厅。博物馆要用各种各样的手段来引导和刺激加德纳所提出的四种智力。博物馆要提供机会让观众接触他们所熟悉的观念和事物,因为只有与观众的生活有联系的东西,他们才会感兴趣,也才有可能加强或挑战他们已有的知识,从而使他们在博物馆的经历变得有意义。[61]

简单来说，建构主义博物馆鼓励观众通过与展品互动来探索世界，发现世界，从而建构自身的知识，观众可以对展览的意义做出自己的结论。在皮亚杰等心理学家的理论基础上，许多儿童博物馆采纳了建构主义的原则。通过提供动手操作、亲身经历的机会，建构主义博物馆用动手型展品、科技藏品及其他媒介或许能真正地为不同的人群和各个年龄段的人提供最好的学习机会。就像最近英国的博物馆教育报道所指出的："不管是成人还是儿童，都需要一个开放式的博物馆学习环境，可以让他们自由探索，鼓励他们去质疑和挑战。"[62]

注　释

1 R. Gregory, 'Turning minds on to science by hands-on exploration: the nature and potential of the hands-on medium', in Nuffield Foundation, *Sharing Science: issues in the development of the interactive science and technology centres*, London: British Association for the Advancement of Science, 1989.

2 See, for example, M. Shortland, 'No business like show business', *Nature*, 328, 16.7.87, pp. 213-14; R. Herman, 'Beyond a show of hands', *New Scientist*, 11.11.89, p. 69.

3 J. Wellington, 'Attitudes before understanding: the contribution of interactive science centres to science education', in *Sharing Science*, op. cit., pp. 30-3.

4 This structure is used by other authors, notably J. H. Falk and L. D. Dierking, *The Museum Experience*, Washington, DC: Whalesback Books, 1994.

5 N. Williams, *Child Development*, London: Heinemann, pp. 81-8.

6 P. Smith and H. Cowie, *Understanding Children's Development*, Oxford: Blackwell, 1988, pp. 300-2.

7 A. W. Lewin, 'Children's museums: a structure for family learning', *Marriage and Family Review*, 13, 3-4, 1989, pp. 51-73.

8 B. S. Bloom (ed.), *Taxonomy of Educational Objectives*, New York: David McKay, 1956, quoted in J. Wellington, loc. cit.

9 J. H. Falk and L. D. Dierking, op. cit., pp. 102-3; E. Hooper-Greenhill, 'Learning theories in museums', unpublished paper presented to British Council conference Learning in Galleries and Museums, March 1996.

10 D. A. Kolb, *Experiential Learning: experience as the source of learning and*

development, New Jersey: Prentice Hall, 1984, quoted in J. H. Falk and L. D. Dierking, op. cit. , pp. 102-103.

11 A. F. Gregorc, *An Adult's Guide to Style*, Gabriel Systems Inc. , 1986, quoted in K. A. Butler, 'Unravelling the age old mystery', *Learning*, Nov./Dec. 1988, pp. 29-34.

12 'Opening minds with Howard Gardner', *AYM News*, 1, 4, July/Aug. 1993, Memphis: Association of Youth Museums.

13 H. Gardner, *The Frames of Mind : the theory of multiple intelligence*, New York: Basic Books, 1983.

14 H. Gardner, *The Unschooled Mind : how children think and how schools should teach*, New York: Basic Books, 1991, in J. H. Falk and L. D. Dierking, op. cit. , p. 102.

15 B. Serrell, *What Research Says about Learning in Science Museums*, Washington, DC: ASTC, 1990, pp. ii-iv; R. Jackson and K. Hann, 'Learning through the Science Museum', *Journal of Education in Museums*, 15, 1994, pp. 11-13.

16 P. McManus, 'Museum visitor research: a critical overview', *Journal of Education in Museums*, 12, 1991, pp. 4-8.

17 E. Feher, 'Science centers as research laboratories', in B. Serrell, op. cit. , pp. 26-8.

18 J. Stephenson, 'The long-term impact of interactive exhibits', *International Journal of Science Education*, 13, 5, 1991, pp. 521-531; J. Stephenson, 'Getting to grips', *Museums Journal*, May 1994, pp. 30-2.

19 R. Jackson and K. Hann, loc. cit.

20 M. Borun, 'Naive notions and the design of science museum exhibits', in B. Serrell, op. cit. , pp. 1-3.

21 E. Feher, 'Interactive museum exhibits as tools for learning: explorations with light', *International Journal of Science Education*, 12, 1, pp. 35-49.

22 L. S. Vygotsky, *Thought and Language*, Massachusetts: MIT Press, 1962, quoted in T. Russell, 'The enquiring visitor: usable learning theory for museum contexts', *Journal of Education in Museums*, 15, 1994, pp. 19-21.

23 A. Lewin, loc. cit. , p. 63.

24 L. D. Dierking and J. H. Falk, 'Family behavior and learning in informal science settings: a review of the research', *Science Education*, 78, 1, Jan. 1994, pp. 57-72.

25 Ibid. , pp. 57-72; P. McManus, 'Families in museums', in R. Miles and L. Zavala (eds), *Towards the Museum of the Future*, London: Routledge, 1994,

pp. 81-97; R. Wood, 'Museum learning: a family focus', *Journal of Education in Museums*, 11, 1990, pp. 20-3.

26 M. Borun's research 'The family science learning project' is published in *Curator*, June 1996, and quoted in A. Porter, 'Touching minds, changing futures', British Interactive Group, *Newsletter*, winter 1996, p. 5.

27 J. R. Kelly, 'Leisure socialisation: replication and extension', *Journal of Leisure Research*, 9, 2, 1977; I. Wolins, 'Educating family audiences', *Roundtable Reports*, 7, 1, 1982, p. 2. quoted in R. Wood, loc. cit. , p. 20.

28 P. McManus, 'Families in museums', loc. cit. , p. 81.

29 R. Wood, loc. cit. , p. 21.

30 P. McManus, 'Families in museums', loc. cit. , p. 83.

31 Ibid. , p. 87.

32 J. Diamond, 'The behavior of family groups in science museums', *Curator*, 29, 2, 1986, pp. 139-54, quoted in P. McManus, 'Families in museums', loc. cit. , pp. 89-90; L. D. Dierking and J. H. Falk, 'Family behavior…', loc. cit. , p. 60.

33 R. Hooker, 'A summative evaluation of visitor behaviour at the Discovery Centre, Cleethorpes', unpublished MA dissertation, University of Sheffield, 1996.

34 Ibid. , p. 61.

35 P. McManus, 'Families in museums', loc. cit. , pp. 91-2.

36 L. D. Dierking and J. H. Falk, 'Family behavior…', loc. cit. , p. 68.

37 P. McManus, 'Families in museums', loc. cit. , pp. 94-5.

38 L. D. Dierking and J. H. Falk, 'Family behavior…', loc. cit. ; P. McManus, 'Families in museums', loc. cit. ; R. Wood, loc. cit.

39 K-L. Hsu, 'A visitor survey for the National Palace Museum, Taipei, Taiwan R. O. C', unpublished MA dissertation, University of Sheffield, Sept. 1995, p. 86.

40 The author gratefully acknowledges the permission granted by the Athlone Press to use material which previously appeared in a similar form in Thomas, G. and Caulton, T. , 'Communication strategies in interactive spaces', in Pearce, S. (ed.), *New Research in Museum Studies*: *Vol. 6 Exploring Science in Museums*, London: Athlone Press, 1996, pp. 107-22.

41 M. Belcher, *Exhibitions in Museums*, Leicester: Leicester University Press, 1991.

42 G. Thomas, ' How Eureka! The Museum for Children responds to visitors'needs', in J. Durant (ed.), *Museums and the Public Understanding of Science*, London: Science Museum, 1992, pp. 88-93.

43 J. Kennedy, *User Friendly*: *hands-on exhibits that work*, Washington, DC:

ASTC, 1994, p. 1.

44 N. Winterbotham, 'Happy hands-on', *Museums Journal*, 93, 2, 1993, pp. 30-1.

45 J. Kennedy, op. cit. This book is a model of good practice on designing effective hands-on exhibits.

46 C. Mulberg and M. Hinton, 'The Alchemy of Play: Eureka! The Museum for Children', in S. Pearce (ed.), *Museums and the Appropriation of Culture*, London: Athlone Press, 1993, pp. 238-243.

47 L. D. Dierking and J. H. Falk, 'Family behavior…', loc. cit., pp. 59-60.

48 L. D. Dierking, 'The family museum experience: implications from research', *Journal of Museum Education*, 14, 2, 1989, pp. 9-11.

49 P. McManus, 'Watch your language! People do read labels', in B. Serrell (ed.), op. cit., pp. 4-6; P. McManus, 'Towards understanding the needs of museum visitors', in B. Lord and G. D. Lord (eds), *Manual of Museum Planning*, London: HMSO, 1991, pp. 35-51.

50 J. Rand, 'Building on your ideas', in S. Bicknell and G. Farmelo (eds), *Museum Visitor Studies in the 90s*, London: Science Museum, 1993, pp. 145-9.

51 M. Belcher, op. cit., 1991; B. Serrel, 'Using behavior to define the effectiveness of exhibitions', in S. Bicknell and G. Farmelo (eds), op. cit, pp. 140-4; Brooklyn Children's Museum, *Doing It Right: a guide to improving exhibit labels*, Washington, DC: AAM, 1989.

52 S. Taylor, *Try It! Improving exhibits through formative evaluation*, Washington, DC: ASTC, 1992.

53 P. McManus, 'Towards understanding…', loc. cit.

54 C. Mulberg and M. Hinton, loc. cit.

55 K. M. Reeves, 'A study of the educational value and effectiveness of child-centred interactive exhibits for children in family groups', unpublished dissertation, University of Birmingham: Ironbridge Institute, 1993.

56 A. Hesketh, 'Eureka! The Museum for Children: visitor orientation and behaviour', unpublished dissertation, University of Birmingham: Ironbridge Institute, 1993.

57 R. Freeman, *The Discovery Gallery. discovery learning in the museum*, Toronto: Royal Ontario Museum, 1989.

58 M. Quin, 'Aims, strengths and weakness of the European science centre movement', in R. Miles and L. Zavala, op. cit., p. 55.

59 G. Bowles,'Non-science interactives', *British Interactive Group Newsletter*, spring 1995, p. 11.

60 E. Feher, loc. cit.

61 G. E. Hein,'The constructivist museum', *Journal of Education in Museums*, 16, 1995, pp. 21-3; T. Russell, loc. cit., pp. 19-21.

62 D. Anderson, *A Common Wealth: museums and learning in the United Kingdom*, London: Department of National Heritage, 1997, p. 23.

第三章
展品开发

本章探究动手型展品开发的各种方法,并指出前端开发、过程评估与总结评估的重要性。

导　论

展品开发设计者需要考虑展品概念设计,构想故事线和展品名称,设计和制作互动展品,草拟标示文本,准备图形,选择和安排其他相关联的展品,选择灯光、颜色以及其他辅助展示的用品,考虑展品摆放的物理环境等。正如第二章已阐述过的,无论是动手型的还是传统型的博物馆,观众的经历和感受都会受到周边物理环境的影响,同时也与他们自身的知识储备和生活经验有关,而且还会受到一同参观的同伴的影响,换句话说,观众的参观经历受到个人语境、社会语境和物理语境的多方面交叉影响。[1] 展品开发最初的目标就是要通过提供物理语境来强化观众的体验,帮助观众从展品中建构自己的理解能力。

动手型展品开发和设计成功的关键因素就是要为目标观众群体设置合适的学习目标。展品开发过程始于对展区和潜在展品及可开发的活动类型进行广泛的概念构想。随着每个展品理念的提炼和发展,为目标观众设立适当的、可控的目标是至关重要的,目标的设定需考虑身体活动、愉悦感、行为、感觉、态度和理解能力等多项要素。如果没有明确的目标，那么就很难评估展品的实际效果，光从观众的感觉、认知和心智技能（指观众的情绪、学习和身体的反应）角度还不能准确地做出评估。

在展品开发中预设一定的观众活动也是非常重要的，也就是说，开发者心中对观众如何表现已有一定的预设。传统博物馆的展品开发大多是以"产品"为导向的，新展品开发往往由策展人负责。策展人与设计人员磋商达成最后的结果。而博物馆教育专家通常不参与这个过程。展览的目的——如果有被表述的话——会倾向于考虑安全和藏品的价值，而不是观众的活动与体验。传统博物馆的这个展品开发过程是学院式的，产品导向的。最近的一个调查表明，即使到了1996年，英国的博物馆中，仍然只有33%的博物馆在展品与活动设计阶段就注入了结构化的教育理念。[2]

在现代博物馆，尤其是互动型发现中心中，展览更倾向于以观众为中心。展品开发过程依赖于几个关键责任人的技能和知识，但其中的负责人一般都会注重教育的目标，能构思出许多推动观众参与的活动和要传播的知识。展品开发过程中会向学术界及其他领域的专家咨询，包括向博物馆策展人咨询，这样才能确保展示内容是准确的。在展品的概念设计阶段，开发者也会咨询目标观众的意见，从而确保观众既能玩得开心，又能够理解展示内容的含义。展品开发者还会咨询基金合作伙伴、赞助人以及其他利益相关者等可能对展品的设计与展示内容感兴趣的人士的意见，从而从专家、公众和社会利益相关者的多维度来考虑展品的设计。

开发过程也是信息的传达过程。展品开发者是信息源，而专家咨询是为了从技术层面确保传播的信息是真实有效且合适的，确保能够满足所有利益相关者的需求。信息在传播过程中很可能会出现失真，观众很可能不会如信息发送者期待的那样去解码信息。展品设计者的角色就是要尽量以受众能理解的方式来编码信息，减少他们在解码过程中的干扰源，从而最大限度地确保观众能解读到设计者的原意。由于观众对展品的体验受到他们已有的社会经验及个人经验的影响，这是展览设计方无法掌控的，因此，观众所理解到的科学，肯定不会是百分百准确的。但是这并不是最重要的，设计者最主要的目的是提供鼓励个人和群体成员自由探索的环境。

在早期的科学中心中，大多数的动手型展品是由科学家设计的，有些科学家有将自己的发明和探索分享给他人的热情，因此推动了公众理解科学运动。英国科学中心界著名的学者弗朗西斯·埃文斯（Francis Evans）创造了"惊奇特匠"（wondersmith）这个词来形容他自己以及加迪夫科学博物馆的约翰·比特斯通教授以及布里斯托尔探索馆的馆长理查德·格列高利。弗朗克·奥本海默创立的旧金山探索馆在科学中心界影响巨大，此馆展品设计菜单（Cookbooks）深深影响着其他的科学中心。这些早期的科学中心最早的"产品"是对科学现象的探究。弗朗克·奥本海默不赞同展览都得有目标观众群体，他说旧金山探索馆的展品都可以有不同层面的解读，探索馆多种多样的展品总会有吸引观众的地方，足够他们在那里消耗2～3小时。[3]

探索馆里的展品设计都经过了内部的反复试错，包括"动手操作、学习、讨论、试验与修正"一系列程序。[4]展品开发的费用中有80％都花费在研发阶段，只有20％的费用用在制造上。展品的开发是由许多人协力完成的，虽然在集体讨论后会有人来主导，但总的来说是众多人合作的结果。艺术家在展品的开发过程中发挥着重要的作用，他们的作用"不单是使展品更好看，而更重要的是相比于各学科科学家而言，艺术家更能发现事物的本质，从而使展品显示出不一样的东西"。[5]可见，展品的开发要经过概念设计、模型设计和评估的过程。展品的大小、颜色和形状不能实现标准化，而是要根据展品的功能和开发者的意图来调整。经过全面的检测与优化之后，展品才能投入使用。很少有展品是直接从探索馆的加工厂照搬的。

以旧金山探索馆为代表的早期科学中心之所以取得了较好的发展，是因为它们的展品很受欢迎。而英国的众多动手型博物馆走的却是反向道路，他们急切希望学习掌握以运行稳定、形象友好、人力投入少、维护少为特点的互动展品。因此英国关于动手型展览的研究着重于观众如何在互动的环境中学习和表现等议题上，通过大量学习美国的先驱，在英国也产生了一种新的知识。因此互动展览在英国迅速发展的十年间，出现了一批新的有技能的专家，那就是展品开发者、设计人员、制造人员和评估者。

英国的展品开发情况

在英国，大致有以下三种平行的展品开发模式。

1. 所有的展品由博物馆内部构思、设计和制造。

2. 所有的展品由博物馆内部构思，但设计和制造由其他专业承包商承担。

3. 所有的展品由专业承包商构思、设计和制造。

加迪夫科学博物馆采取的是第一种模式，自己开发展品。它的展品开发程序与旧金山探索馆类似，与之不同的是加迪夫科学博物馆更重视产品的外观设计，所有的展品都要求有一致的物理外观。加迪夫科学博物馆的展品开发技术经过了长期的积淀和发展，已开始向其他馆进行馆际输出，成为收入来源之一。前文提到的英国流动发现宫的运营方科学工程公司(Science Project)也发挥着类似的双重角色作用。作为科学中心运营商，它运营着英国多家科学中心，同时它也是展品开发和销售商。

当然很少动手型博物馆能像加迪夫科学博物馆和科学工程公司一样建立如此完整的博物馆运营和展品开发团队，且能进行技术输出。更多的是在博物馆内部建立小型展品开发团队，需要的时候再从外部引进或者咨询专家。例如，伦敦科学博物馆最初的展品都是由内部开发的，但现在会承包给多个专业化的展品开发制作公司。伦敦科学博物馆强调在委托别的单位开发制作展品前，一定要对展品的概念进行精细设计，明确展品的目标和使用方法，且需要与承包商进行充分交流，以确保展品能达到预想的效果,且能按时制作完成,并将预算控制在合理的范围内。[6]

许多小博物馆与科学中心缺乏独立的专家库和展品开发资源,但又希望跟上动手学习的热潮,他们就会从某家展品供应商那里购买展品。例如,埃尔斯卡(Elsecar)的电厂(Power House)博物馆就是从三家外部机构购买产品和服务而组建起来的,这三家服务商分别是故事线撰写商、展品设计商和展品制作商。简言之,展品的开发由多个独立主体,如商业公司、科学中心、博物馆和大学合作完成。

由于许多新建的动手型中心缺乏内部开发展品的技能、经验和资源,他们的员工在开发动手型展览时,越来越多地陷入设计不合理、错误一再重复出现的困境。如何最大限度地减小风险,以及如何保障制作出的展品最大限度地与最初的构想一致,都是新兴的动手型博物馆面临的巨大挑战。展品设计者(整体把握整个展览的理念,而又部分参与展品制造)与展品制造者(大致了解设计理念,将概念转化为展品,但是对整个展览的理念缺乏宏观了解)之间存在决策协调的困难。展品制造者经常会抱怨收到的来自设计人员的理念不切实际,无法付诸实施,因此他们不得不对设计不断进行修改,直至变成能切实可行的方案!

许多博物馆也将注意力转向了展品设计公司,他们不仅设计展品,而且还要构建故事线,采购展品且负责安装。除了人数众多的传统设计人员,这些公司通常还有一大批有经验的人才。他们,反过来,如有需要,会招募其他必要的专家(起分包施工任务项目经理的作用)。简而言之,这些大型设计公司的职责就是将设计及其理念变成完整的互动展品。对客户来讲,这种模式的优势是由设计和开发承包商公司开全权负责。在这个意义上来说,博物院作为客户就会免除一些风险。同时,效率也会更高,因为创意过程由一家公司掌控。如有必要,它可以外包,直接去采购成品。

但是,这样的模式也有许多潜在弊病。首先,虽然它不涉及招聘额外的内部员工,但由于设计公司会在设计和施工的所有环节(甚至是分包商的收费环节)上加价,因此成本高昂。其次,最初的展品理念会在层层传递过程中失真和扭曲，尤其是最初的目标不够明确的时候，或者开发过程监管不力的时候。最后，虽然展品设计人员可能是专业的优秀设计者，但他们未必是好的教育家与评估人员。虽然许多设计公司也会在这些领域补充人力，充实设计团队的专业水平，但是毕竟术业有专攻。教育和评估的诉求很难在开发过程中体现，除非是客户非常谨慎。例如，设计人员倾向于用他们自己的专业眼光来评判，而考虑客户有教育评估的需求。因此，更有效的做法是博物馆在设计商之外还要另外寻找教育和评估专家来监督设计过程，才能确保最初的目标不在设计的过程中过度歪曲。

总之，多方主体合作的模式是这样的：只需撰写设计纲要并与一家招标来的公司订立合同。由这家公司来构想故事线、设计展品、制作展品并负责安装。虽然更简单也更直接，但这绝不是展品成功的保障。监管整个设计过程是非常重要的，只有这样才能保证教育、技术和安全的因素都得到考虑而不在设计中不断妥协。这就有必要招聘一个独立的项目经理或者其他外部专家来全程监控展品及开发过程。这种采购展品的模式可能不如全部外包给设计公司来做那么高效，但是被众多博物馆采用，以保证对开发过程的控制。

案例研究：尤里卡儿童博物馆的展品开发

于1992年开放的尤里卡儿童博物馆在展品的供给方面采取了一系列的措施。其展品开发的核心团队包括馆长、一名设计主管和一位教育与解说部主管。起初这三名关键负责人于1990年年末花了三个月时间评估从前任馆长那里传承下来的展品理念（前任馆长的理念也在考察了世界各地的科学中心和儿童博物馆之后发生了一些改变），同时并加入三人自己的一些创新想法和观念。此后他们为所有展品建立了详细的数据库，列出了每件展品的展示目标和预期的受众群体，并列举了围绕此展品可能涉及哪些活动。这个数据库成为极佳的工作文件，它可以确认每件展品吸引观众的时长，无论观众是独自研究，还是与同伴共同参观；它还可以对技术要点给出着重提示。

此后在原来核心团队的基础上他们另招募了一位图形设计人员和两

名教育专员，丹佛儿童博物馆的助理馆长也随后在1991年加入进来，贡献了三个月时间。当教育团队评估与儿童有关的展品方案，并咨询教师和其他学术专家时，设计团队开始寻找展品设计人员及制造人员。当整个展品开发团队确定他们已经开发出全面的工作纲要时，工作流程才开始启动，首先是任命设计人员，之后是确定展品制造人员。实际上，1992年7月，尤里卡儿童博物馆所有的展品都不是现场制作的。直到开馆前不久，他们才聘请了技术人员，而这些技术人员一开始的职责是展品维护，而不是展品制作。

观察者注意到不同的观众在尤里卡儿童博物馆的体验有着非常大的差异；其中有一部分展品的教育目标也要比其他的更明确。[7]其开发团队的一名成员后来表示，这很可能归因于对不同的展厅他们采取了不同的设计方式。[8]其中健康教育展厅——我和我的身体——是由一家名叫想象力（Imagination）的公司开发的。这个公司的设计人员在展品设计中注重教育理念，是在充分考虑儿童的态度和理解能力的基础上进行设计的。由于渴望在健康教育方面开展最好的实践，尤里卡儿童博物馆的教育团队就广泛地咨询教育学领域的专家，严密地监管想象力公司的设计方案，从而确保了最终成型的展厅是他们原来构想的样子。客户与承包商关系密切，二者共享分红。

42 "生活与工作"展厅的开发方式却大不一样。它最初包括一个小镇广场，其四周有家庭、商店、银行、车库、工厂、回收中心和邮局等多个生活和工作的场景。在客户方面，每个空间场景分开来由教育团队中不同的成员具体设计展品理念和教育目标。而在承包商方面，每一个场景空间交由不同的年轻设计人员来做。这样做的本意是增加展厅的多样性和丰富性，这个目标实现了，但是却又带来了其他的问题。每一个空间场景都由博物馆教育团队不同成员来监管，在有限的空间和时间里完成展品，不可避免地会出现各场景质量参差不齐的实际情况。

尤里卡儿童博物馆自身的小型设计团队监管着整个设计过程，以确保各个设计人员设计出的不同主题的展品在整体理念上是一致的，同时还要负责博物馆的公共服务和导览空间。博物馆的设计团队还直接设计了"发明与创造"展厅，并从伦敦科学博物馆邀请了专业人士来指导"传播"板块的技术部分。因此，尤里卡儿童博物馆设计师是展品的直接负责人，而不同于别的空间那样只是监督承包商。在尤里卡儿童博物馆采取的不同策略中，大概展品开发团队最有效的策略首先是作为创意力量来产生可实现的设计纲要和教育纲要；其次是作为客户来监管合同方的设计人员与展品制造人员。

展品评估

如果说展品设计人员的职责是编码博物馆想传递的信息，让编码在展品中的信息能被观众较容易解码而不感到困惑，那么评估就是从观众那里接收反馈信息的一种方式。传播是个双向的过程，如果不通过评估来听取观众的意见，那么就不能判定展品做得是否成功。同时博物馆针对观众的研究考察了博物馆参观体验大概的性质，以及由此对观众产生的多种影响，而评估研究相对博物馆观众研究来说更具体，它主要考察某个展品是否达到了特定的目的。在观众市场竞争越来越激烈的背景下，评估研究可以帮助确保展品满足了观众的需求和期待。而且，在持续增加的财政压力下，博物馆不得不给资金提供方一个满意的交代。那么评估就变得不可或缺。[9]

近年来英国、美国评估研究的增多也反映出展品领域的日益专业化，这有助于博物馆更高效地筹划和整合资源，并更有效地定位展品的目标。[10] 评估的重点在观众的体验，这样有助于引导博物馆员工更多地关心观众的需求，而不再是以自我的期望或者以"产品"为中心。[11] 做观众调研仅仅是因为其他人都在做，用以确认已知结论，或者确定决策的合法性，这都不足以成为向评估项目投入资源的理由。评估成功的关键是获取可靠的反馈信息，进而加工信息，进行分析，尽管有时候得出的结论是与期望相违背或较难接受的，但真实有效的信息能帮助博物馆做出正确的决策；相反如果采集的信息是无效或者不真实的，那么就很可能误导博物馆做出错误的决策。[12]总之，评估成功的关键是要在合适的时间、合适的地点采取正确的方法，且要有信心接受调研的结果，不管这个结果是不是事与愿违，因为调研结果代表着观众的观点和行为。[13]

观众调查

评估不是偶尔的一次性买卖，好的评估策略是展品项目的重要部分。评估项目进行的第一步是要在给定的人力和预算，以及时间约束等情况下将目标进行优先排序。最重要的一步是进行大规模的公众调查，包括观众的社会经济状况、人口统计学的各种属性，以及他们的偏好。如果博物馆自身能界定实际来参观的观众，那么他们就能对自己界定的目标观众进行小规模的调查研究。[14]一般的方法是进行随机抽样的问卷调查。一般来说，对样本询问的问题越具体，得到的结果越有用。随机样本结果的有效性取决于一定的抽样规模，而不是任一给定的人口比例。样本量的增加会使调查的精确度增强，但是这并不一定保证样本的有效性也会同程度地增加。[15]因此在有限的资源保障下我们只得对样本的精确度做出一定的妥协。英国85％的博物馆公众调查样本量都在350份以下(平均279)[16]，原则上如果想要做交叉列表分析，随机样本数一般要在500以上，但是实际往往没办法保证。[17]

对观众的基本信息、态度和行为进行研究显然要比分析观众为什么会选择来博物馆而不是别的旅游景点要简单得多。一位美国学者针对艺术博物馆的观众做了一个样本量500以上的大规模电话调查，将公众分为经常去博物馆的、偶尔去的和不去的三类，研究他们到访博物馆的形式和态度。针对平时不去博物馆的人的意见和态度，调查方法更多是采用焦点小组访谈的定性研究方法，尤其是某些新展品以某类群体为目标，但是却吸引不来这类观众应该采取此研究法。[18]

在摸清现有观众和潜在观众的基本特点之后，就可以对目标观众群进行深入的调研了。评估工作的时间安排是非常重要的。[19] 在展品开发的过程中越早进行研究，就能越早地发现问题，从而还有矫正的机会。

前置分析

前置分析是要研究已确定的目标观众，分析他们的态度、理解能力和已有的错误观念等信息。前置分析的方法一般是焦点小组法，其中要使用到故事板和插图来激发公众让他们给予一些反馈，从而从有限的样本量中获取尽可能具体的信息。这也是尤里卡儿童博物馆采取的最主要的评估手段。当然也有可能采取定量研究，如果某些展品的性质足够明晰，则可使用较传统的市场调研方法。例如，作者为位于谢菲尔德的国家流行音乐中心开展了一项定量研究，收回问卷430份，调查观众对博物馆主题展品主题的喜好程度。

形成性评估

形成性评估是在展品模型测试阶段对观众的反应做调研，测试模型可能会摆放在展厅也有可能在幕后单独摆放。在开发前期做此项评估是用来测试观众能否理解展品的目的，展品说明和标签是否足够清晰明了，灯光与摆设是否合适，开关是否便于操作等，简单来说就是测试观众是不是喜欢这件展品。这么做的另一个好处是在模型阶段发现失误便于修正，否则再要更改已经成型并在博物馆使用的展品成本就太高了。在确定了目标观众群体之后，从每个群体中随机抽取25～30名观众作为样本就可以完成调查。当然，正规程序要求展品修改后再做一次测试，多次反复以期做到最好。

总结性评估

展品的总结性评估是研究布展完毕之后，观众实际上怎么利用这个展品的。如果在这个过程中发现问题，也需要补救。这是个相对来说最容易的评估，却可能带来代价最大的改动。总结性评估的方法多样，包括问卷、深度开放式访谈、结构化访谈、观察和跟踪等。观察和跟踪可以考察观众实际的流动方向、哪些地方吸引观众、哪些地方能让他们多花几分钟，这可能对展品的空间设计提供非常重要的信息。[20] 有些评估专家提倡采用多种方法综合评估，以确保研究结果的严谨、可靠和深度。[21]例如，波莱特·麦克玛纳斯（Paulette McManus）采用了一连串的技术手段来多重验证（triangulate）每个研究得出的结论。麦克马纳斯在伯明翰博物馆采用了不下9种方法从多个维度来研究调查所得，包括观众的人口统计学特征、观众到访的体量和模式、展品对观众的情绪和智力的影响、视频展品的效果的深度研究等。这些研究方法包括参观后的调查、观察、跟踪、对观众书面评价内容的分析以及隔一段时间后观众对展品的记忆内容回访分析等。[22]英国克利索普斯发现中心所进行的一项观众行为研究也同样采纳了一连串的技术手段，包括观察、跟踪、采访以及记录观众的口头评价等。[23]

总之，有多种方法可以用于展品评估。当目标观众的人口统计学特征、社会经济特征确定之后，就可以用小样本代替大多数群体来进行集中调查。尽管评估工作不是一劳永逸的，但是在大多数情况下，不管怎样，在展品开发过程中评估工作开展得越早越能减小以后修改的成本。显然，研究做得越多，越能确保结果的可信度，而采用多样评估方法则是取得多维度评价结果的途径。

案例研究：尤里卡儿童博物馆的展品评估

尤里卡儿童博物馆的展品评估是个非正式的、零散进行的过程。这是博物馆团队建立与博物馆向公众开放之间相隔时间较短（22个月）导致的必然结果。尤里卡儿童博物馆团队有一个巨大的优势，那就是得到了当地一所小学的支持，小学派了一名教师辅助开发，保证每周有一天时间投入辅助整个开发过程中。这样可以确保博物馆人员的设计理念能从教师的角度得以衡量，而且还可以保证概念设计出来后马上得到当地孩子的反馈。英国地方教育局（LEA）也参与开发过程，通过教育局联系考得戴尔区域（Calderdale）的各类学校参与评估，将城区与乡下、发达地区与欠发达地区的学校，以及少数民族学校和其他类型的特殊学校都纳入其中，使得评估信息来源更合理和全面。

尤里卡儿童博物馆的评估过程得力于吉莉安·托马斯。她是来自巴黎维莱特科学城的展厅之一———创新馆的资深展教专家。她把创新馆使用了长达四年的方法带给尤里卡儿童博物馆，这些方法曾促使创新馆成为巴黎维莱特科学城最成功的展厅之一。[24]吸取创新馆的经验之后，尤里卡儿童博物馆严格按照预算和时间限制来开展评估活动，这不可避免地会导致评估结果比较零散。在采纳和发展创新馆所使用的评估技术基础上，尤里卡侧重前置分析，希望在所有计划展示的主题上都先摸清儿童的想法。第一个阶段是对已有研究结果的考察：对于"我和我的身体"这一主题，健康教育机构（Health Education Authority）设置的小学生生命健康项目已有过研究，关于儿童的自我观念及他们对自身身体的认识进行过调查，这一项目由南安普顿大学的诺琳·韦顿（Noreen Wetton）教授主导。[25]而对于一个致力于当代社会角色与交流的展览———"生活与工作"来说，英国贸工部资助的关于儿童对工作世界的认知研究也提供了有用的信息，即使有用程度不如"生命健康"那么直接有效。[26]这些研究成果帮助博物馆团队围绕展览的主题对儿童的观念及他们已有的错误观念有了基本了解。例如，贸工部支持的研究调查了儿童对商店场景变化的理解。当问及一个水果商的水果在进货价基础上该卖多少钱的问题时，并非所有的孩子会认为他应该卖比进货价高的价格，因为他们考虑不到门面费和利润。而且，年龄较小的孩子甚至认为应该卖得比进货价低，因为水果商转卖的是二手产品，或者水果有腐烂成本。从这个有趣的调查结果可以发现，孩子真的跟成人的思维大不相同，所以一定要注意那些在成人看起来显而易见的观念，在孩子眼里可能并不一定是清楚的。通过借鉴这样一些已有的研究成果，尤里卡儿童博物馆便能把有限的资源放在更急需解决的问题上，而避免重复投入。

"生命健康"研究也显示了孩子思维开发过程中的相似之处。而调研过程中存在的一个大问题是适用于成人的方法很可能不适合儿童，因为他们的读写能力相对较弱。因此"生命健康"调研就采用了画和写结合的方法，孩子可以用画画来表达自己的观点，并在旁边配上几个关键词。每个阶段的调研都鼓励儿童通过画和写的方式表达自己的观点，教师可以在旁边帮忙，孩子在遇到写作困难时可以请教教师，这样可以保证不会写字的孩子也不被排除在研究对象之外。很显然教师在其中起到重要的辅助作用，既要辅导孩子清楚地表达自己的观点，又不能过多地介入，问不恰当的问题，避免过于引导孩子的思想。

"生命健康"研究显示了孩子在不同的年龄阶段理解自身的方式，而尤里卡儿童博物馆能将这些研究结果糅合到展品中。孩子对于自身身体常会问到、感到困惑的问题也在研究中被辨识出来，于是尤里卡儿童博物馆的"我和我的身体"展区的展品就围绕着这些常问的问题展开。例如，"生命健康"的研究辨析了儿童如何认识身体骨骼的问题。刚上小学的那些孩子在画自己的骨骼的时候，往往会画出狗骨头的样子，而且骨头间互不相连。而且，儿童的概念很难跨文化得到理解，同样关于对骨骼认识的调研，在法国维莱特的创新馆展厅做的调研与"生命健康"的研究结果非常一致，尤里卡儿童博物馆也同样将研究结果用于他们的展品开发过程，那就是设计展品来质疑这些错误，并充分利用孩子们问过的问题和使用的语言。[27]

"生命健康"研究还没注意到儿童在成长过程中尤其是青春期的变化带给他们的知识和感受。尤里卡儿童博物馆团队希望弥补这一块，他们聘请诺琳·韦顿教授当顾问，指导调研过程中使用合适的方法引导孩子用写和画的形式表达自己的想法。尤里卡儿童博物馆非常注重整个研究过程都有学校的参与。在调研中，其中有一项是让孩子以"青少年的我第一次单独出门"为题画一幅画，并在旁边做一些注解解释他们如何成长，少年对成长有什么想法，以及他们自己（受访者）对成长有什么看法，独自出门会带什么等。接着又邀请孩子再画一幅"少年出浴"，并解释少年是如何成长的，少年对成长有什么想法，以及他们自己（参访者）对成长有什么理解。通过这样一种画和写的场景设置，就避免了直接询问造成的紧张和压力。通过在多个学校做这项实验，也能弄清文化的差异造成的影响。这样一些研究成果都用来辅助展品开发。

在"生活与工作"展区，前置分析法用到了一系列的调研方法，包括写与画、与孩子讨论、参观超市或其他生活与工作场景的幕后支持平台等。例如，在写与画的环节中，尤里卡儿童博物馆团队让孩子们发挥想象，画出车库、商店、银行和工厂的场景，并让他们注解他们的画中人们在干什么和在这样的场景中该干什么。接着，采用小组讨论的方法，问孩子们"什么是工作？""我们为什么要工作？"这样的问题。这些10来岁的孩子提供了一些非常典型的回答。

问：什么是工作？

阿斯玛：就是那些不好玩的事情。

罗伯特：工作就是爸妈不在家时他们在做的事情。就像一些送报的男孩，他们需要做这件事但是他们并不喜欢做。

詹姆斯：是不得不花精力做的事。有时能获得报酬，有时不能。通常会使人很累。

约翰：就是你感到做起来很困难的事。

海伦：工作就是谋生的手段。工作也可以是在家做的，如打扫卫生。

问：我们为什么要工作？

朱利亚：可以挣钱维持生活、成立公司、帮助他人。

罗伯特：为了变得富有，为了有人和你说话。

海伦：为了能和别人在一起不会无聊，为了挣些钱给你的孩子，为了支付房贷。

约翰：做自己喜欢做的事并且从中获取报酬。

这样一些回答显示了孩子们对工作的本质既复杂又天真的认识。针对各个拟建的展区，调研的结果虽然显现出一定的相同模式，但还是有一些差异。例如，孩子通常都会根据已有性别刻板印象来描述成人的角色：他们认为车库总是一个属于男性的空间。这就给展品设计过程中图像的运用带来启发，如果在传统看来属于男性的环境里设置活跃的女性形象，就会给孩子的认知带来挑战。画和写的研究方法得到的结果也揭示了不同年龄段的兴趣差异：年龄小的孩子会喜欢爬到汽车下洗车和换轮胎，而年龄大的就喜欢开车或探索汽车是如何发动的。尤里卡儿童博物馆的展品设计很好地将调研结果运用到展品开发中，他们设计的洗车环节后来证明深受小孩子的喜欢。

同样地，银行场景也对孩子产生了意想不到的吸引力，孩子们竟然非常喜欢被大量的钱包围的感觉。当然场景设置中不可能使用真钱，但是尤里卡儿童博物馆要想办法用多种途径来供应货币，使得孩子们认为这就是尤里卡儿童博物馆真正的货币流通模式。尤里卡设置了一个"墙上的洞"（hole in the wall），里面设置了自动取款机，同时通过角色扮演，使孩子们认识到只有先向银行存款，才有可能从中取款。这个研究试图辨别孩子对银行工作角色的理解，其中对一组10岁的孩子的观察发现，当问及他们银行经理是干什么的时候，他们所有人都一无所知。研究很快还发现竟然有很大比例的孩子都有抢银行的渴望，这便给银行场景潜在的赞助商带来了很大的麻烦。因此在展品设置中添加了银行保险库等相应的安保设施，使孩子们知道要想不触动报警器而接近保险库中的财宝是非常难的。不可避免的是，依照孩子们的想法来布展很可能带来与赞助商的矛盾冲突，但是，反过来说这也是可以说服赞助商利用展品的形式宣传和提升自己的地方，因为这样的展品研究能够帮助辨识公众的兴趣爱好、知识水平以及可能对已有错误观念的挑战。最后"生活与工作"展区里银行体验空间正是根据这次前置分析结果来设置的，也正是因为这样，本展区成为尤里卡儿童博物馆最成功的展区之一。

研究还发现了调查对象之间令人吃惊的知识差异。例如，在一次超市的调研中，一位年轻男生问超市经理白人员工与亚裔员工的比例，以及他是否被某位员工或顾客投诉过。相比之下，8岁左右的孩子则对工厂所发生的一切没什么概念，说到工厂他们大多会联想到巧克力工厂，因为当地有一家巧克力工厂是最大的企业。研究带来这样的启示：相同年龄的孩子不同个体之间，以及不同年龄间的孩子拥有的知识水平和理解能力差异巨大，这就启示博物馆的展品介绍必须是简单而清晰的（如用提问的方式表明主题"工厂里在发生什么？"），而围绕展区设置的观众活动则要提供更具体的知识简介。

尤里卡儿童博物馆在准备另一个展区"发明与创造"的时候也同样采用了这样的评估方法，很显然孩子对当下成人世界所用到的传播方式很感兴趣。对于已过时的技术，以及未来的技术（如视频电话），他们表现出不太关心的态度，但是让他们亲自动手操作一台传真机，却会使他们感到非常兴奋！该结论与此前的研究发现吻合。例如，他们设置的银行场景里的角色扮演，设置的自动取款机游戏都深受孩子们喜欢。可以说，儿童博物馆成功的秘诀之一就是提供给儿童那些熟悉但是又接触不到的成人世界的科技。如果是儿童不熟悉的事物——如工厂或视频电话反而对他们来说没那么吸引人，而且会带来许多概念认知的问题。

前置分析能发现孩子的兴趣点和他们已有的错误观念，从而指导目的展品设计，但唯有对展品本身的评估才能真正地确定开发者是否成功达到了展品设计的目的。而且在开发过程中及时发现问题是比较经济的做法，再者这也是形成性评估的要求。评估得到了英国电信公司（BT）的支持，通过在教室里安装通信设备来观察儿童的兴趣所在。相比之下，传真机是更复杂的技术，因此形成性评估的作用是挖掘如何用最简洁的介绍来指导孩子们如何使用传真机。然而，由于尤里卡儿童博物馆的展品全是由外部的制作商家制作的，这一开发过程决定了尤里卡儿童博物馆在开放前没有过多的时间将展品模型一一进行观众测试，而那些自身内部有展品开发能力的动手型科学中心则可以做到。但是尤里卡儿童博物馆还是可以在开放之后的试运营阶段进行产品的观众测试，他们也确实在1993年夏季进行了形成阶段测试。[28]

除前置分析外，还有一种应对形成性评估的方法是在展品已按照实际需要的尺寸和标准制造且标示和图形都已设计和印刷出来之后，再采取补救措施。这种方式显然要比边开发边评估的方式更耗费钱。尤里卡儿童博物馆还保留了"我与我的身体"展区在开发过程中按原意设计的5种可能的成品样式。最后在总结性评估阶段邀请了外部咨询机构，这一项评估是在展品都已安装好，但是还未对外开放之前进行的。其中有一项展品是让孩子了解身体的消化系统，但是评估却发现很多孩子都误解了本意。虽然展品精巧的设计能吸引儿童观众，但是由于它过于复杂，使得年纪小的孩子摸不着头脑，而年纪稍大的孩子也不清楚这要表达什么。总之，就是这项展品的设计不符合直接且清楚的传递信息的要求。[29]因此，虽然展品的本意是要展示人类的消化系统，但是由于展品过于花哨，很多孩子把它看作鱼，有的把它解读成机器人或机器。展品的每一个部分——咬、咀嚼、吞咽都导致了相似的错误理解。例如，展品用橙色的伸缩袋子表示肺部，但一个9岁的孩子将之误解为呼气的时候形成的风向袋。

1992年7月尤里卡儿童博物馆向公众开放之后，博物馆内部团队联合一个外部咨询机构进行了正式的总结性评估，评估围绕以下目的进行。

1. 调查展品的预期教育目标是否得以实现。
2. 发现不受欢迎的展品，以便改进。
3. 辨别哪些因素能使展品获得成功。[30]

总结性评估的第一步是进行观众人口调查，以便对观众的情况有一个总体的了解，从而在之后单个展品的评估中可以按比例进行抽样，并且大体上了解观众的意见，以便对市场前景和展品开发有一个宏观指导。因此，1993年夏季，尤里卡儿童博物馆团队与咨询机构一起设计了调查问卷，进行了多达600人的问卷调查。调查获得了一些出人意料的结果：来馆的人里有25%的孩子年龄在5岁以下，然而只有很小比例的展品是专门为这个年龄段的孩子设计的。

接下来的评估程序转移到单个展品的效果评估，包括教育项目，尤其是观众的心理导向与地理导向。尤里卡儿童博物馆团队强烈地感觉到与家长一起来参观的孩子不能最大限度地挖掘博物馆的探索机会，因为他们缺乏必要的知识储备。再加上许多家长没有参观儿童博物馆的经历，不知道怎样辅助孩子学习，有的任由孩子在博物馆疯跑疯玩，甚至打扰到别的观众或损害展品。评估的目标之一就是要找出如何提高对观众身心的引导，从而避免上述的种种问题。

总结评估的一个项目是对观众参观路径的调查，对118个团体观众的调查发现，至少有70%的观众进馆之后会向左转，这样就会来到"发明与创造"展区，不幸的是恰恰这个板块并不是很适合带着小孩的家庭。随之对之前未到访过尤里卡儿童博物馆的观众进行的小规模半结构化小组采访发现，尽管观众不喜欢固定的参观路线，但是他们还是希望有较明确的路径导航，以指示各展区或展品适合的年龄范围。大部分的观众都能从展区主题的名字了解到展区的语境设置，但对展览的内容却没有什么想法。大多数人都认为即使参观比较无聊，但对孩子的教育是有益的，至于对成人有什么用处，他们就不清楚了。对于尤里卡儿童博物馆的认识，有"有趣""活动""声光电很炫"等大体印象，但认识不到它是一个专门的儿童博物馆。同时，大部分的观众认为成人和孩子可以一同学习，但有一半的观众认为成人的职责就是在整个参观过程中使孩子玩得开心。

总结性评估中对观众路线和方向的调研用以指导博物馆的参观路径设计。从停车场开始，在观众到达售票处之前就要加强信息的传递，尤其是在观众排队买票的时候要将希望传递的方向和路径信息传递给观众。这样做的目的就是要尽早地将"这是一个儿童博物馆"的认知带给观众。同时给他们创造热情友好的参观氛围，并且告诉观众更多博物馆空间的信息，提示他们在这里应该如何表现，同时要强调博物馆的公益性质（这是因为在观众问卷调研中发现观众对这个博物馆的性质不了解，它到底是非营利性的，是商业性的，还是地方政府运营的，观众感到迷惑）。在形成性评估研究中，尤里卡儿童博物馆团队建议：方向指示不能过于有引导性，因为在探究式学习理念的指导下，博物馆是不能刻意指定参观方向，不能刻意规划参观路径和规范参观行为的。[31]

第三章　展品开发

尤里卡儿童博物馆的评估研究事实上是在有限的时间和人力投入的情况下做出的实用主义的妥协。评估研究经不起严格的学术审查：评估结果都有一定的代表性，但并非是全面的，若想获得更可靠的研究结果，必须要投入更多的精力。不过，尤里卡儿童博物馆的前置分析发挥了很好的作用，研究结果使团队弄清了观众的兴趣和理解水平，所以团队在后面的展品开发中更具信心。由于时间限制，且展品制作交由外部机构承担，因而不能进行充分的过程性评估，这是本研究最大的缺陷。但是1992年开始的总结性评估却是建立在有效的观众调研基础上的，为未来的研究和展品开发打好了基础。

案例研究：伦敦科学博物馆的展品评估

伦敦科学博物馆针对其首层展厅的开发开展了类似的评估项目。本层展厅于1995年开放，其中"物件"展厅是为7～11岁的孩子设计的，力图让他们近距离地观察和接触各种物件，了解物件是怎么制作、怎么运转的。本展厅作为序厅引导孩子观察和探索整个博物馆的工艺制品。伦敦科学博物馆进行了前置评估研究，用来找出那些吸引孩子的物件具有什么样的特点。研究获得了颇具价值的发现，了解到孩子对于博物馆角色的理解，从而为形成活动重点需要挑选什么样的展品提供指导。[32]在展品的开发过程中，博物馆从学校小规模邀请孩子和成人到"发射台"体验展品模型。博物馆观察孩子们的反应并采访了解他们的想法，调查结果用来指导此后的展品开发。[33]在展区向公众开放之后，博物馆随后进行了总结性评估。1995年10月到1996年1月，博物馆在此展区中对60个家庭和学校观众进行了跟踪调查。研究发现观众在"物件"展厅所花时间的中位数是15分钟，最多是59分钟，最少的是1分钟。当观众身体接触展品与之互动的时候，研究观察他们会与展品互动多长时间，这能让博物馆清楚单件展品的吸引力。同时还能发现展厅空间的"死角"，如有些展品摆放的位置视线不易到达，或者是因为相邻的展品太受欢迎而使它被忽视。[34]

在非参与性观察调研之后，博物馆接着进行了观后调研，即在公众参观完后进行问卷调查。随机抽取来自学校组团和家庭组团的 80 名儿童与成人，了解他们在"物件"展区中喜欢的和不喜欢的展品分别有哪些。孩子们表达了对互动型机械的喜爱。毫无疑问，他们不喜欢那些难以理解的、静止的，或需要读太多文字指示的展品。[35] 在简单的问卷之后，博物馆选取 14 组家庭或学校团队进行了更细化的观察，包括调查他们的反应、行为、参观路径选择、展品对团体中不同成员不一样的吸引力、展品的潜在或实际的安全问题等。[36]

伦敦科学博物馆的"物件"展厅在展品开发的各个阶段都进行了一系列的小规模调查。很多时候，虽然这些研究的样本量很小，但是在各个研究中采用多样化的调研手段，将这些结果汇合在一起，也能得到较丰富全面的调查结果。就像尤里卡儿童博物馆的做法一样，多种评估研究的实施有助于建立起对有关观众的兴趣和理解力的更为全面的了解，这会给之后的展品开发带来帮助。与尤里卡儿童博物馆不同的是，伦敦科学博物馆设置了公众理解科学部，建立了自己专门的研究团队。因此在开发的早期阶段，伦敦科学博物馆的研究工作相比尤里卡儿童博物馆要更透彻和系统化，但是双方用到的评估方法是相似的。研究结果也同样指明了观众的兴趣点、行为表现和理解能力，但毕竟研究规模太小，因此还不能构成真正可靠和有效的学术研究成果，也不能断定在不同的动手型中心或不同的文化语境下能有相同的结论。但是不管怎样这些研究都为展品开发指明了方向，加上对搜集到的数据加工处理和分析的方法是严谨客观的，因此相对于以往靠经验和直觉来开发展品的传统方法已是莫大的进步。

结　论：展品开发与评估

诚然，没有哪一种程序能够确保互动展品开发的成功。大型科学博物馆与科学中心，内部有系统的设计、制造和评估能力，通过试错法和较长时间的累积，建立起专家知识库。而对于小型或新建的科学中心来说，由于资源条件的限制，想要建立起系统的专业化的团队是不现实的，即使有其他成功的经验可以借鉴，但如果不聘请经验丰富的展品开发专家，别人犯过的错误还是会重复犯。一个关键的困难就是究竟要找展品设计员还是专门的商业机构来开发互动型展品。事实上这两个选择都有其优势和弱势。不管选择哪种方式，一个最基本的保障就是展览的设计理念一定要牢牢地掌握在博物馆专家手里，要先对展览目标有个清晰的想法和理念。因此，关键问题就是如何宏观掌控和监管整个展品开发过程，确保最终的成品与最初的理念吻合，且控制在有限的时间和预算之内。要达到这个目标，博物馆内部人员要有项目掌控的能力（或者单独聘请项目经理），即使设计和制作过程可能是外包的，也要对项目进行全程的掌控。

互动型展览成功的首要条件是要在目标观众群体中进行展品评估。博物馆或科学中心即使委托其他机构来设计和制作展品，也要保证开发过程中每个阶段评估的连贯性，因为委托的设计和制作商总是会有按以往经验办事的倾向，若不紧紧跟踪评估，很可能会得到偏离原意的展品。展品评估是展品开发过程不可或缺的部分，因此博物馆还是有必要发展内部的专业评估知识和能力来监督这一过程，或者至少聘请一位外部独立的评估专家。

很少有博物馆或科学中心能像伦敦科学博物馆那样建立起自己的专业评估团队。多数博物馆的评估项目都是在有限的时间和资源限制下做出实用主义的妥协。尤里卡儿童博物馆带给我们的启示是一定要做好前置分析，因为展品外包给其他单位设计和制作，就会使得展品模型阶段需要开展的过程性评估难以实施，以至于很多展品设计出来后没有经过严格的测试就直接使用了。因此，尤里卡儿童博物馆决定从外部聘请资深的评估专家来到馆里培训自己的员工，并且监督博物馆员工进行最后的总结性评估工作，招募学生志愿者来协助评估过程，这是个很实惠的折中方案。

注　释

1 J. H. Falk and L. D. Dierking, *The Museum Experience*, Washington, DC: Whalesback Books, 1992, pp. 3-7.

2 D. Anderson, *A Common Wealth: museums and learning in the United Kingdom*, London: Department of National Heritage, 1997, p. 14.

3 F. Oppenheimer, 'Exhibit concept and design', in *Working Prototypes*, San Francisco: The Exploratorium, 1986, pp. 5-15; also available on ExploraNet, the Exploratorium's World Wide Web server.

4 Ibid., p. 28.

5 Ibid., p. 9.

6 F. Swift, 'Time to go interactive', *Museum Practice*, 4, 1997, pp. 23-31.

7 C. Mulberg and M. Hinton, 'The Alchemy of Play: Eureka! The Museum for Children', in S. Pearce (ed.), *Museums and the Appropriation of Culture*, London: Athlone Press, 1993, pp. 238-43.

8 V. Cave, 'The conceptualisation, development and evaluation of interactive exhibits', *GEM News*, 57, 1995, p. 10.

9 G. Hein, 'Evaluation of programmes and exhibitions', in E. Hooper-Greenhill (ed.), *The Educational Role of the Museum*, London: Routledge, 1994, pp. 306-12.

10 S. Bicknell, 'Here to help: evaluation and effectiveness', in E. Hooper-Greenhill (ed.), *Museum, Media, Message*, London: Routledge, 1995, pp. 281-93.

11 M. Hood, 'Staying away: why people choose not to visit museums', *Museum News*, 61, 4, 1983, pp. 50-7.

12 M. Hood, 'Getting started in audience research', *Museum News*, 64, 3, 1986, pp. 24-31.

13 P. McManus, 'Towards understanding the needs of visitors', in B. Lord and G. D. Lord (eds), *Manual of Museum Planning*, London: HMSO, 1991, pp. 35-51.

14 Ibid.

15 A. J. Veal, *Research Methods for Leisure and Tourism: a practical guide*, Harlow: Longman/ILAM, pp. 153-7.

16 S. Davies, *By Popular Demand: a strategic analysis of the market potential for museums and galleries in the UK*, London: Museums and Galleries Commission, 1994, p. 8.

17 P. McManus, loc. cit., p. 42.

18 M. Hood, 'Staying away …', loc. cit.; V. Trevelyan (ed.), 'Dingy places

with different kinds of bits: an attitudes survey of London museums amongst non visitors', London: London Museums Service, 1991; S. Fisher, 'Bringing history and the arts to a new audience: qualitative research for the London Borough of Croydon', unpublished research by the Susie Fisher Group, 1990.

19 C. G. Screven, 'Uses of evaluation before, during and after exhibit design', *ILVS Review*, 1, 2, 1990, pp. 36-66; M. Borun, 'Assessing the impact', *Museum News*, 68, 3, 1989, pp. 36-40.

20 S. Bicknell and P. Mann, 'A picture of visitors for exhibition developers', in E. Hooper-Greenhill (ed.), *The Educational Role of the Museum*, op. cit., pp. 195-203.

21 S. Bicknell, 'Here to help', loc. cit., p. 284.

22 J. Peirson Jones (ed.), *Gallery 33: a visitor study*, Birmingham: Birmingham Museums and Art Gallery, 1993.

23 R. Hooker, 'A summative evaluation of visitor behaviour at the Discovery Centre, Cleethorpes', unpublished MA dissertation, University of Sheffield, 1996.

24 G. Thomas, "'Why are you playing at washing up again?" Some reasons and methods for developing exhibitions for children', in R. Miles and L. Zavala (eds), *Towards the Museum of the Future*, London: Routledge, 1994, pp. 117-31.

25 Health Education Authority Primary Schools Project, *Health for Life: a teacher's planning guide to healthy education in the primary school*, Nelson, 1989.

26 A. Ross et al., *The Primary Enterprise Pack*, Primary Schools and Industry Centre, 1990.

27 J. Guichard, 'Designing tools to develop the conception of learners', *International Journal of Science Education*, 17, 2, 1995, pp. 243-53.

28 A. Hesketh, 'Eureka! The Museum for Children: visitor orientation and behaviour', unpublished dissertation, University of Birmingham: Ironbridge Institute, 1993.

29 P. McManus, 'Evaluation of newly installed exhibits at Eureka! The Museum for Children', unpublished study in K. M. Reeves, 'A study of the educational value and effectiveness of child centred interactive exhibits for family groups', unpublished dissertation, University of Birmingham: Ironbridge Institute, 1993, Appendix 12.

30 P. McManus, 'Eureka! The Museum for Children Evaluation Plan', in A. Hesketh, op. cit., Appendix A.

31 A. Hesketh, op. cit.

32 B. Gammon, 'What sort of museum objects interest children?', unpublished report by Science Museum Public Understanding of Science Research Unit, 1994, in

G. Thomas and T. Caulton, 'Objects and interactivity: a conflict or a collaboration', *International Journal of Heritage Studies*, 1, 3, 1995, pp. 143-55.

33 B. Gammon and C. Seymour, 'Formative evaluation of Project 95 prototype exhibits', unpublished report by Science Museum Public Understanding of Science Research Unit, 1995.

34 B. Gammon, N. Smith and T. Moussouri, 'An evaluation of the Things gallery', unpublished report by Science Museum Public Understanding of Science Research Unit, 1996.

35 B. Gammon, N. Smith and S. Spicer, 'Things: an evaluation of the Things gallery', unpublished report by Science Museum Public Understanding of Science Research Unit, 1996.

36 B. Gammon, C. Halcrow, N. Smith and T. Moussouri, 'A day in the basement: a summary of findings from accompanied visits to the basement galleries', unpublished report by Science Museum Public Understanding of Science Research Unit, 1996.

第四章
财　务

53　　本章研究互动科学中心的资本与收入问题，通过一系列经济指标考察其财务状况和运营表现。

导　论

近年来动手型展览取得了快速发展（本书第一章已有展示），同时从科学中心（如尤里卡儿童博物馆）拿了很多奖项的事实也可以断定，动手型展览取得了巨大成功。如果成功是用受观众欢迎程度这一指标来评价的话，那么它们确实是成功的。但是我们也要注意到，虽然许多私营商业机构在营利性儿童娱乐场所开发方面大为用力，但商业休闲产业普遍并没有效仿动手型博物馆的做法。动手型博物馆建设和运营耗资巨大，本章便从财务角度具体考察其生存能力。

美国动手型科学中心的经济状况

美国科学技术中心协会（ASTC）于1986年对81家科学中心与科学博物馆会员进行了财务健康状况研究，研究发现86%的博物馆在过去三年实现了财务盈余，64%在这几年间盈利有递增。几乎所有的博物馆都能保本，其中有47%的博物馆盈余或赤字的幅度占总营业收入的5%

(超过3/4的博物馆盈利占总营业收入的10%)。[1]

收入来源中有35%来自观众访问及相关经营活动，65%来自捐赠与资助（小型或大型中心的资助比例要高于中型中心）。[2]其中29%的已得营业收入来自门票，不过大型博物馆对门票的依赖程度要比小型博物馆小。售卖食物在小型活动中心并不重要，但来自馆中商店的营业收入占到9%～15%的份额。在资助来源方面，大约一半的资助来自政府，当地政府是各类型中心的最重要的资助者，而联邦政府是小型互动中心的第二资助方，国家是大型互动中心的第二资助方。个人资助占总体资助的6%～22%（对于小型馆的作用最为重大）。另外，企业资助6%～9%，基金支持占到6%～11%的比例。[3]

总的来说，在博物馆营业收入中，1/3来源于商业活动，1/3来自政府资助，还有1/3来自个人或企业赞助。[4]但是1979年之后建立的互动中心有2/3的收入是自己赚的，尤其是1986年后建立的科学中心自我盈利能力更强。科学中心越来越具有自我造血功能，来自自身商业活动的收入已超过了政府资助或慈善捐赠，最新建立的一些科学中心甚至尝试自负盈亏，而不再依赖政府和慈善机构。虽然它们最后的生存状况还不明了，但可以说自负盈亏已是一个大趋势。[5]

以下一组来自四家儿童博物馆1990年的营业收入来源的数据非常有趣。

印第安纳波利斯儿童博物馆42%（门票17%、商店与餐厅25%）的收入来源于自营营利活动，19%来源于个人、公司，40%来源于博物馆投资行为。[6]

芝加哥儿童博物馆51%的收入来源于自营营利活动，42%（基金或企业28%、个人14%）来源于个人、公司与基金赞助，4%来源于政府资助，2%为其他来源。[7]

费城儿童博物馆60%（门票、会员费与特别活动48%，商店12%）的收入来源于自营营利活动，37%来源于个人、公司与基金赞助，4%为其他来源。[8]

第四章 财 务

曼哈顿儿童博物馆62%（门票、会员费与特别活动55%，商店7%）的收入来源于自营营利活动，17%来源于个人、公司与基金赞助，16%来源于政府资助，5%为其他来源。[9]

值得指出的是，印第安纳波利斯儿童博物馆是这几家中规模最大的，本应是最不依赖自身经营行为的，但是它却通过经营行为为自己赢得了40%的收入。相比之下，曼哈顿儿童博物馆却有几乎2/3的来源都依赖于自身的营业活动，来自政府资助和个人、公司与基金赞助的份额相近。费城儿童博物馆来自自营营利活动的收入与曼哈顿儿童博物馆差不多，剩下的部分(37%)几乎都来自捐赠和资助。其中芝加哥儿童博物馆从基金、赞助和捐赠获得的收入占比最大(42%)。总的来说，这四家博物馆收入来源显示出了巨大的差异，但只有曼哈顿儿童博物馆有较大份额的资助(16%)来自政府。

英国动手型科学中心的经济状况

英国的动手型中心大部分是由公共部门或者独立的慈善信托公司运营的，而不是由私营机构来运营的。事实上，私营机构是不符合英国的博物馆定义的，因此也没有资格获得公共资助。然而，要想获得公共资助，如来自国家福利彩票的基金资助，就要求申请者提供项目的经济可行性分析，并且一些动手型展览项目已经从千禧委员会获得大量奖金。那么，动手型中心经济运行如何成功并且效益如何评价呢？

在公共部门中，要想将某博物馆机构的财务状况从整个休闲服务设施的花费中分离出来似很困难的，而同样，作为一个要素把动手型科学中心从一个更大的机构中剥离出来也很难办到，如伦敦科学博物馆。其"发射台""飞行实验室"以及新开辟的地下室展厅的建设成本投入准确可知，但是运营耗费却难以精确计算，因为很多中心服务设施都是这几个展区与博物馆的其他空间一起共用的。而且，在一个综合性的博物馆中，收入来源很难划分清楚有多大比例是来自动手展区的，因为门票一般都是包括整个博物馆的，也很少有观众是专门为了某个特定动手型展区而来的。即使各个公共机构都会有内部的数据统计，其中可能有专门针对动手型中心的数据，但是这样的数据也不会被公开。

不管怎样，调研一些由私营机构资助的非营利性动手型中心的账务是可行的。这样一些机构是有责任将财务报表交与英国公司注册处的，而公司注册处的记录是向公众开放的。因此尤里卡儿童博物馆、加迪夫科学博物馆和布里斯托尔探索馆已发布的数据为我们探究动手型展览的财务状况提供了素材。

表4.1简单展示了尤里卡儿童博物馆、加迪夫科学博物馆和布里斯托尔探索馆1995—1996年的财务状况。

表4.1　1995—1996年英国互动型科学中心财务表现对比表　　单位：英镑

	尤里卡儿童博物馆	加迪夫科学博物馆	布里斯托尔探索馆
营利收入	1176099	624760	441697
基金、赞助与捐赠	1014686	747943	85330
利息	−7278	38297	3815
支出	−1433577	−976913	−541925
折旧	−795114	−442825	−6034
净盈余/赤字	−45184	−8738	−17117

资料来源：法定公布的数据，以及加迪夫科学博物馆提供的信息。

注：(1)尤里卡儿童博物馆的财政年截至1995年12月。
　　(2)加迪夫科学博物馆的财政年截至1996年7月。
　　(3)加迪夫科学博物馆的数据不包括三期工程的开发费用。
　　(4)布里斯托尔探索馆提供的数据到1996年1月，共16个月的数据，为横向比较所需，将数据调整至12个月。

对不同账目的直接对比通常是不准确的，这是因为不同的个体情况不一，记述方法也不同。以上三家博物馆1995—1996年的财务表现对比显示出彼此间巨大的差异，但总的来说三家的赤字率都在3%以下（尤里卡儿童博物馆为2%，加迪夫科学博物馆为1%以下，布里斯托尔探索馆为3%）。这样一个结果事实上与上文描述的1986年美国动手型中心的调查情况十分类似。

布里斯托尔探索馆的营业额是三家中最小的，但也是最不依赖基金、赞助和捐赠的博物馆。而加迪夫科学博物馆自身营业能力最弱，依赖基金、赞助和捐赠的程度最高。相反，虽然尤里卡儿童博物馆总的赤字高一点，但是它是自身营利能力最强的。这很大部分原因在于尤里卡500万英镑的有形固定资产折旧费要比加迪夫科学博物馆的240万英镑、布里斯托尔探索馆的2万英镑折旧费大得多（尤里卡儿童博物馆和加迪夫科学博物馆的固定资产折旧速度要比布里斯托尔探索馆快：其计算机以外的固定资产报废年限是5年，而不是10年；计算机的报废年限是5年，而不是3年）。

表4.1大致反映了三家动手型中心1995年的财务健康状况。接下来将在更长的年限内考察其财务状况，并介绍考察的经济指标，包括：

- 每一位顾客的平均营利类消费。
- 营业活动收入占整个收入的百分比。
- 赞助费和政府资助占整个收入的百分比。
- 平均每位顾客的运营支持费。
- 员工的平均开支。
- 员工开支占整个支出的比例。
- 平均每位顾客的广告宣传费。
- 广告宣传费占整个支出的比例。

尤里卡儿童博物馆

尤里卡儿童博物馆于1992年7月向公众开放，所以1992年的统计数据不能反映它全年的运营状况，但是1993—1995年的数据能为我们窥探其财务状况提供较好的支撑，正如图4-1所示。

1993—1994年，尤里卡儿童博物馆的观众量上涨了2%，从每位观众身上获得的平均收入从2.89英镑上升为3.03英镑（包括门票收入和在商店与咖啡吧的消费）。同时，博物馆的运营开支减少了8.6%，平均每位顾客的运营支出从3.66英镑下降为3.29英镑。1994—1995年，尤里卡儿童博物馆的观众量下降了16%，但是获得的观众平均收入上升到 3.28 英镑，而观众平均运营支出也上涨了 5％。

年份	1993	1994	1995
观众量	407000	414000	358000
收入			
营利活动运营总收入/英镑	1178061	1255792	1176099
顾客平均消费收入/英镑	2.89	3.03	3.28
赞助/资助收入/英镑	722189	528945	1014686
总收入/英镑	1908038	1790924	2199722
营利活动收入占总收入/％	62	70	53
赞助费、公共资助占总收入/％	38	30	46
支出			
运营支出/英镑	1488211	1360631	1433577
平均每位顾客运营支出/英镑	3.66	3.29	4.00
员工支出总额/英镑	706512	634631	659678
员工数量(人)	58	52	70
员工平均支出/英镑	12181	12204	9424
员工支出占总支出(％)	48	47	46
广告宣传费/英镑	102719	124012	158656
平均每位顾客广告宣传费/英镑	0.25	0.30	0.44
广告宣传费占总支出(％)	7	9	11
利润/赤字			
税前净利润/英镑	－375635	－384110	－45184

图 4-1　尤里卡儿童博物馆 1993—1995 年财务状况

资料来源：法定会计数据统计，英国《观光》杂志。[10]

注：(1)财政年截至 12 月。
　　(2)支出费用不包括折旧费。

尤里卡儿童博物馆的支出数据还不全面，但它确实反映出一些情况。数据显示在市场宣传，以及花在每人头上的宣传费用从 1993 年的 0.25 英镑上升到 1995 年的 0.44 英镑(占支出额的比例从 7％上升到 11％)。结果是，一方面花在市场宣传上的费用在增加，而另一方面观众量却在减少。这与我们在第一章中分析过的互动中心 3 年的生命周期吻合。当到达了成熟阶段之后，它在媒体的曝光率定不如刚开放的时候了。

虽然数字显示1993—1994年员工的薪酬维持稳定，但我们也要看到员工人数从58减少到了52，因此节省了员工薪酬开支。但1995年员工突增到70人，而它在员工方面的支出总额却维持原来的水平（事实上，尤里卡儿童博物馆1994年后随着员工人数的继续增加，平均每位员工的收入约下降了23%）。

尤里卡儿童博物馆高度依赖赞助与公共资助：事实上1995年有46%的收入来源于此（1994年为30%，1993年为38%）。从绝对值数字看，来自赞助与公共资助的收入相对1994年增加了92%，这就抵消了由于观众量减少而营利活动收入减少的部分。总的来说，尤里卡儿童博物馆1995年的赤字额（税前）相对1994年有所减少，但是在观众减少的情况下成本却上升，无疑显示了这个组织越来越依赖资助，自身没有盈利能力。

加迪夫科学博物馆

图4-2显示了一个机构壮大和发展过程中所经历的基本变化（加迪夫科学博物馆三期工程于1995年5月开放）。值得强调的一点是，加迪夫科学博物馆新馆建成后，观众量增加了一倍，因此从观众的消费行为中获得的收入也相应增加（1996年经营活动收入中有79%来自门票，相比于1995年的67%和1994年的68%。这一数据无法与尤里卡儿童博物馆做对比，因为尤里卡儿童博物馆未将门票收入从所有营利活动中分离出来）。尽管加迪夫科学博物馆1995—1996年自身经营活动收入有所上升，但它依然比尤里卡儿童博物馆更依赖公共资助和赞助。

加迪夫科学博物馆的媒体宣传支出占总支出的6%～7%，这表明这个组织还处在生命周期的早期阶段。而尤里卡儿童博物馆已经处在需要花费更多的宣传成本以维持观众量的衰落期。可见加迪夫科学博物馆依然在享受三期工程开放给它带来的好处。

虽然加迪夫科学博物馆的平均员工成本要比尤里卡儿童博物馆的低，但是加迪夫科学博物馆一直在增加雇员，以至于到1996年员工开支占到了总开支的70%。这比尤里卡儿童博物馆1995年的46%要高出很多，而相比美国51%～53%的平均支出也高得多。[11]

年份	1994	1995	1996
观众量	107277	125414	250433
收入			
营利活动运营总收入/英镑	204278	299465	624760
顾客平均消费收入/英镑	1.90	2.39	2.49
赞助/资助收入/英镑	379540	392564	747943
总收入/英镑	602621	693288	1411000
营利活动收入占总收入(%)	34	43	44
赞助费、公共资助占总收入(%)	63	57	53
支出			
运营支出/英镑	529834	691342	976913
平均每位顾客运营支出/英镑	4.94	5.51	3.90
员工支出总额/英镑	304036	416271	681117
员工数量(人)	48	60	104
员工平均支出/英镑	6334	6938	6549
员工支出占总支出(%)	57	60	70
广告宣传费/英镑	35047	48400	60977
平均每位顾客广告宣传费/英镑	0.33	0.39	0.24
广告宣传费占总支出(%)	7	7	6
利润/赤字			
税前净利润/英镑	54731	−14450	−8738

图 4-2　加迪夫科学博物馆 1994—1996 年财务状况

资料来源：法定会计数据统计以及加迪夫科学博物馆提供的信息。

注：(1)1994年财政年截至3月；1995年、1996年截至7月。

(2)因为截至1995年7月，数据共16个月的，为横向比较所需，将数据调整至12个月。

(3)支出费用不包括折旧费。

(4)三期工程的开发费用未包括在内。

布里斯托尔探索馆

正如图4-3所显示的，布里斯托尔探索馆收入中很大部分来源于自身经营活动(1995年占总收入的83%)。这其中大部分又是来自门票(1994年门票收入占营利活动收入的85%),不过1994—1995年相对往年减少了8%,伴随着营利活动收入占总收入的百分比也下降了8%。布里斯托尔探索馆对公共资助和其他赞助的依赖要比前两个博物馆小,而1994—1995年相对往年来自赞助和公共资助的收入减少了6%。

年份	1993	1994	1995
观众量	157408	165969	153194
收入			
营利活动运营总收入/英镑	401523	477865	441697
顾客平均消费收入/英镑	2.55	2.88	2.88
赞助/资助收入/英镑	170633	90986	85330
总收入/英镑	572896	571275	530841
营利活动收入占总收入(%)	70	84	83
赞助费、公共资助占总收入(%)	30	16	16
支出			
运营支出/英镑	510339	538593	541925
平均每位顾客运营支出/英镑	3.24	3.25	3.54
员工支出总额/英镑	216773	303940	310601
员工数量(人)	39	43	40
员工平均支出/英镑	5558	7068	7765
员工支出占总支出(%)	43	56	57
广告宣传费/英镑	32638	59690	N/A
平均每位顾客广告宣传费/英镑	0.21	0.36	N/A
广告宣传费占总支出(%)	6	11	N/A
利润/赤字			
税前净利润/英镑	256970	25054	—17117

图4-3 布里斯托尔探索馆1993—1995年财务状况

资料来源:法定会计数据统计,英国《观光》杂志。[12]

注:(1)1993年、1994年财政年截至9月;1995年财政年截至1996年1月。
　　(2)因为截至1996年1月,数据共有16个月的,因此按比例将数据调整至12个月,以便比较。
　　(3)支出费用不包括折旧费。

在支出方面，1995年的支出费用相比1994年基本持平，仅有不到1%的上升，且平均每个观众的投入花费也与尤里卡儿童博物馆的数据基本类似。总之，布里斯托尔探索馆的费用支出基本维持稳定但是观众量却在减少。1995年的市场宣传费用未获知，但是1994年相对1993年来说花在市场宣传方面的费用从6%上升到11%。这就预示着布里斯托尔探索馆很可能已步入衰退阶段了，不得不花更多的市场投入，但即便如此，观众量依旧下降，获得的资助和赞助也在减少。不出意料，与1993年和1994年的财政净盈余相比，1995年就开始出现赤字了。虽然尤里卡儿童博物馆也遭遇了相同的情况，但是尤里卡儿童博物馆在1995年时资助与赞助还是上涨的。布里斯托尔探索馆也正在应对这一周期性衰落，它将迁移至科学世界，预计投入2500万英镑建设新的动手型中心，拟于2000年建成（见第一章）。

财务表现考察指标

平均每位观众消费收入

三家科学中心自身通过营业活动盈利的能力在三年间都有所提升，加迪夫科学博物馆的每位观众平均消费收入从1.9英镑上升到2.49英镑，尤里卡儿童博物馆从2.89英镑上升到3.28英镑，布里斯托尔探索馆则从2.55英镑上升到2.88英镑。这部分收入包括门票、零售和饮食服务。三家的平均额为2.70英镑。

加迪夫科学博物馆1995年的营业收入中，79%来自门票收入，布里斯托尔探索馆1994年的水平是85%（尤里卡儿童博物馆相同数据未获知）。

营业活动收入占总收入比

在这项指标上，三家科学中心的表现有很大差异，加迪夫科学博物馆的营业活动占总收入比为34%～44%，尤里卡儿童博物馆为70%～84%，而布里斯托尔探索馆为79%～84%。三家博物馆的平均值为 60%。

赞助与公共资助占总收入比

在这项指标上，三家科学中心的表现同样有很大差异，加迪夫科学博物馆的赞助与公共资助所得占总收入比为 53%～63%，尤里卡儿童博物馆为 38%～46%，而布里斯托尔探索馆为 16%～30%。三家科学中心的平均值为 39%。

平均每位观众的运营投入

尤里卡儿童博物馆与布里斯托尔探索馆在 1993—1995 年的平均每位观众的运营花费基本相似（布里斯托尔探索馆从 3.24 英镑上升为 3.54 英镑，尤里卡儿童博物馆则从 3.29 英镑上升为 4.00 英镑）。加迪夫科学博物馆平均每位观众的运营花费则从 1995 年旧址的 5.51 英镑下降为 1996 年新址的 3.90 英镑。三家科学中心的平均数据则为 3.90 英镑。

平均每位员工的花费

尤里卡儿童博物馆平均每位员工的花费为 9424～12204 英镑，加迪夫科学博物馆则为 6334～6938 英镑，布里斯托尔探索馆为 5558～7765 英镑。这一指标需谨慎对待。例如，根据法定会计数据显示，布里斯托尔探索馆的 43 名员工中有 16 名是年薪制的，27 名是周薪制的。这与 1993 年、1994 年及 1996 年英国互动组织指南(British Interactive Group Directory)设置的门槛是不符的，英国互动组织指南要求一所科学中心的员工应该达到 16 名及以上全职人员，或者 10 名全职加 25 名兼职员工。也就是说，互动科学中心的工作人员不一定是全职员工，因此薪酬差异也很大，所以在此用平均薪酬数据是有风险的，也是不大合适的。但不管怎样，三家科学中心对每位员工的平均年投入为 8225 英镑。

员工的总花费占总支出比

这一指标比平均每位员工的花费要可靠，尤里卡儿童博物馆的员工总花费占总支出比为 46%～48%，加迪夫科学博物馆为 57%～70%，布里斯托尔探索馆则为 43%～57%。加迪夫科学博物馆 1995 年的数据如此高，其中有38％的部分是用于大规模的重新开发布局。三家科学中心的平均数为54％，微高于美国1986年的调查数字。[13]

平均每位观众市场宣传投入

布里斯托尔探索馆与尤里卡儿童博物馆都在这三年间增加了市场宣传投入，平摊到每位观众身上，1993—1995年尤里卡儿童博物馆的每位观众的平均投入从0.25英镑上升到0.44英镑，而1993—1994年布里斯托尔探索馆则从0.21英镑上升到0.36英镑。1995年加迪夫科学博物馆重建的时候平均每位观众的宣传费为0.39英镑，但接下来一年有了一定的知名度之后就降到0.24英镑。总之，尤里卡儿童博物馆与布里斯托尔探索馆在市场宣传投入上的增加侧面反映了英国休闲市场竞争的激烈。三家科学中心的平均数为每人0.32英镑。

市场宣传投入占总支出比

尤里卡儿童博物馆在市场宣传方面的投入占总支出比从1993年的7％上升到1995年的11％，布里斯托尔探索馆数据显示从1993年的6％上升到1994年的11％。加迪夫科学博物馆1996年的投入是6％（相比于1994—1995年的7％）。这样的数字是与行业普遍经验相吻合的，一般来说休闲组织的市场宣传投入水平为10％。尤里卡儿童博物馆与布里斯托尔探索馆在市场宣传投入上的增加反映出作为老的休闲组织，需要做一些有吸引力的活动以应对日益激烈的市场竞争。科学中心的平均数为8％。

运营表现评估指数

上述科学中心的表现评估是从各中心的法定会计财务数据并结合其中的观众量和英国《观光》杂志的统计数据入手的。[14]如果将展览空间面积和展品数量加入评价指标之中，可能会获得更全面的评估结果。但是这些数据必须谨慎地使用：尤里卡儿童博物馆与加迪夫科学博物馆两家博物馆的数据是由博物馆提供的，两家约有2/3的建筑面积用于展览。而布里斯托尔探索馆的展览面积（总建筑面积的 52%）数据来源于"英国互动组织指南。"每家科学中心的展品数量是基于"英国互动组织手册"。[15]各科学中心提供的信息在对外宣传材料中也可见到。各家对互动展览的定义有自己不一样的理解。其运营表现情况具体见表 4.2、表 4.3 与表 4.4。

表 4.2　1993—1995 年尤里卡儿童博物馆的运营表现

年份	1993	1994	1995
观众数/人	407000	414000	358000
支出/英镑	1488211	1360631	1433577
展览面积(m^2)	3000	3000	3000
单位面积(m^2)观众数	136	138	119
单位面积(m^2)运营支出/英镑	496	454	478
展品数量/件	350	350	350
每件展品拥有观众量/人	1163	1183	1023
每件展品运营支出/英镑	4252	3888	4096
每位观众运营支出/英镑	3.66	3.29	4.00

资料来源：法定会计数据；《观光》杂志；宣传资料；英国互动组织的《手册》。

表 4.3　1994 年、1996 年加迪夫科学博物馆的运营表现

年份	1994	1996
观众数/人	107277	250433
支出/英镑	529834	976913
展览面积(m^2)	800	2200
单位面积(m^2)观众数/人	131	114
单位面积(m^2)运营支出/英镑	662	444
展品数量/件	80	160
每件展品拥有观众量/人	1341	1565
每件展品运营支出/英镑	6623	6105
每位观众运营支出/英镑	4.94	3.90

资料来源：法定会计数据；加迪夫科学博物馆提供的信息；英国互动组织的《手册》。
注：1995 年因为加迪夫科学博物馆更换位置而未采用此年数据。

表 4.4　1993—1995 年布里斯托尔探索馆的运营表现

年份	1993	1994	1995
观众数/人	157408	165969	153194
支出/英镑	510339	538593	541925
展览面积(m^2)	1140	1140	1420
单位面积(m^2)观众数/人	138	146	108
单位面积(m^2)运营支出/英镑	448	472	382
展品数量/件	150	150	160
每件展品拥有观众量/人	1049	1106	957
每件展品运营支出/英镑	3402	3591	3387
每位观众运营支出/英镑	3.24	3.25	3.54

资料来源：法定会计数据；布里斯托尔探索馆提供的信息；英国互动组织的《手册》。[16]

每平方米展览面积拥有观众数

三家科学中心的每平方米展览面积拥有的观众数具有较大的一致性，布里斯托尔探索馆 1995 年为 108 人/m^2，相对于 1994 年的 146 人/m^2 有所下降。其他中心在相同年份内也有类似程度的下降。三家科学中心三年期间的平均数为每年 129 人/m^2。

美国科学技术中心协会 1986 年的数据显示有 44% 的科学中心每平方英尺(1 英尺＝0.3048 m)观众量为 4~10 人，相当于 43~108 人/m^2，有 23% 的科学中心每平方米展览面积观众量较高，达到 101~186 人/m^2。[17] 可见大体上英国这三家科学中心的每平方米展览面积观众数要比美国的平均数高，但是若跟美国拥有高密度观众量的科学中心来比，英国这几家科学中心在世界范围内还处于第二梯队。

每平方米展览面积运营支出

布里斯托尔探索馆 1995 年单位面积运营支出为 382 英镑，加迪夫科学博物馆 1994 年的数据是 662 英镑。三家科学中心的平均数值为每年 480 英镑/m^2。

每件展品拥有观众量

三家科学中心每件展品拥有观众量也颇为一致，从布里斯托尔探索馆 1995 年的 957 人/件到加迪夫科学博物馆 1996 年的 1565 人/件。三家科学中心平均数值为每年 1173 人/件。

每件展品运营支出

每件展品运营支出从布里斯托尔探索馆 1995 年的 3387 英镑到加迪夫科学博物馆 1994 年的 6623 英镑。三家科学中心平均数值为每年 4418 英镑/件。

每位观众运营支出

每位观众运营支出从布里斯托尔探索馆 1993 年的 3.24 英镑到加迪夫科学博物馆 1994 年的 4.94 英镑。三家科学中心平均数值为每年 3.73 英镑/人。而美国科学技术中心协会的数据显示 1986 年美国的科学中心平均每位观众运营花费为 7 美元（以 1997 的汇率换算为 4.40 英镑）。[18] 如果不考虑通货膨胀和汇率变动的影响，那么这些数据的意义是不大的，就算两个国家科学中心每个人运营支出水平大致相似，但比较意义仍然不大。

资金资助来源

第一章我们详细讲述过早期英国科学中心如何从慈善机构获得资助，如从塞恩斯伯里基金、纳菲尔德基金获得大量资金支持。20 世纪 80 年代，纳菲尔德基金每年将 125 万英镑投入教育领域，这些资金来自纳菲尔德公爵的遗产。1986 年，布里斯托尔探索馆的一期阶段获得了纳菲尔德基金的资助，接着发现宫流动科学中心（Discovery Dome travelling science centre）也于 1988 年获得了资助。纳菲尔德基金还支持各种开拓性的活动。例如，支持移动通信科学中心流动科学馆进学校，以及加迪夫科学博物馆开发的其他科学传播活动。[19]

1987 年，纳菲尔德基金与英国政府贸工部合作，创立了"互动科技项目"，以支持科学中心的发展，促进科学技术传播与信息交流。纳菲尔德基金连续三年提供2万英镑，同时英国贸工部相应每年提供1万英镑。1990年，纳菲尔德基金又提供了3300万英镑支持"欧洲科技与工业展览协作委员会"的成立，用于非营利性科学中心与博物馆会员的信息与活动交流。[20]

此外，英国皇家研究院、皇家学会以及英国科学促进会联合创立了公众理解科学委员会(COPUS)。COPUS创立于1986年，旨在提高公众对科学的理解和认识。[21] 1989年，COPUS与纳菲尔德基金会联合发布了一系列报告和文章，讨论英国的动手型教育。[22] COPUS还为各种各样的公众理解科学活动提供小额资助。1990年，COPUS提供的这些小额资助达48000英镑，每个小项目平均获得2000英镑的资助。事实上，本书作者在1989年到1993年也先后获得了4次这样的小额资助，这些资助用于1989年谢菲尔德工业博物馆大谢菲尔德探索馆(Great Sheffield Exploratory)的策划，以及尤里卡儿童博物馆与埃尔斯卡能量屋互动展品的开发等项目。1995年COPUS下属的发展基金又提供了一项新的资助计划，每年以20000英镑的资金补充到目前的3000英镑种子基金中去。[23]

纳菲尔德基金会、COPUS、ECSITE和英国贸工部在支持英国早期科学中心的发展和信息交流中发挥了重要作用。此外，还有其他因素也在其中扮演了非常重要的角色。

尤里卡儿童博物馆获得了英国贸工部50000英镑的启动资金，用以筹建"儿童发现中心"(Children's Discovery Centre)，他们将罗丝玛丽·古尔德史密斯(Rosemary Goldsmith)夫人从波士顿请回来用这笔钱筹建英国的儿童博物馆，还支付了初步的可行性研究工作的费用，20世纪80年代中期尤里卡出了一本宣传册，希冀获得财政资助。这本宣传册交到了著名慈善家薇薇安·达菲尔德(Vivien Duffield)夫人手里，她正好带她的孩子参观过波士顿儿童博物馆。薇薇安·达菲尔德夫人是英国查尔斯·克罗尔(Charles Clore)爵士的女儿,他的克罗尔基金曾给英国著名的泰特美术馆(Tate Gallery)提供资助。最初,克罗尔基金会为儿童博物馆建设项目提供了500万英镑的资金,最终于1987年在哈利法克斯市建立了尤里卡儿童博物馆。[24]尤里卡儿童博物馆于1992年开放,薇薇安·达菲尔德夫人出任尤里卡儿童博物馆理事会主席,由于其身份的影响力,尤里卡儿童博物馆又获得了200万英镑的企业赞助和私人赞助,且克罗尔与薇薇安·达菲尔德基金又为其提供了700万英镑的资助。确实,从图4-1的数据看来,尤里卡儿童博物馆于1995年获得了大量公共资助、捐赠与企业赞助。

1997年,薇薇安·达菲尔德继续担任尤里卡儿童博物馆理事会主席,而同时克罗尔与薇薇安·达菲尔德基金也资助其他的动手型科学中心。例如,它是伦敦自然博物馆(Natural History Museum)"流动发现中心"(Travelling Discovery Centre)、伦敦科学博物馆"物件"展厅、英国国家海事博物馆"全体船员"装备互动展厅("全体船员"展厅是利奥波德·穆勒教育中心(Leopold Muller Education Centre)的一部分,利奥波德·穆勒教育中心投资规模达200万英镑,其中有130万英镑来自利奥波德·穆勒的遗产)的主要资金提供方。[25]私人家族基金在英国许多动手型博物馆与科学中心的建设中发挥着不可或缺的作用。例如,盖茨比基金——塞恩斯伯里家族的私人信托就为加迪夫科学博物馆一期工程提供了8.3万英镑的启动资金,截至1990年的二期工程,盖茨比基金的资助一共高达68万英镑。[26]私人基金为博物馆提供的种子基金有重要的带动作用,可以说服其他机构提供财政支持。例如,截至1993年,有超过50家的不同机构为加迪夫科学博物馆提供赞助与捐赠,金额从1000英镑到25万英镑不等,总共为其二期工程建设筹措了超过100万英镑的资金。[27]同样,布里斯托尔探索馆也从不下80家不同机构和公司获得了资助和赞助,到1992年,有7家机构提供了超过1000英镑的资金支持。[28]

可见，英国早期的科学中心与动手型博物馆大体上是在慈善基金或商业赞助的支持下建立的，而不是地方或国家政府的财政资助。只有一个例外是投资 700 万英镑的斯尼伯顿发现公园（Snibston Discovery Park）发现公园，其中有 450 万英镑来自莱斯特郡议会（Leicestershire County Council）的支持。即使是传统型博物馆或国家博物馆开辟新的动手型中心，也高度依赖于基金和商业赞助。举例来说，伦敦科学博物馆的"发射台"展厅启动是来自伦敦科学博物馆的支持，而资金是源自莱弗休姆信托基金。[29]

商业资助和慈善基金对于动手型科学中心的未来发展也非常重要，但无论如何其大规模建设还是有赖于公共财政资助的。例如，埃尔斯卡发现中心的"能量屋"互动展厅就有赖于欧盟的资助以及当时采煤区的地方财政支持。同样地，作为英国政府成立的加迪夫湾建设集团的标志性工程，加迪夫科学博物馆三期工程获得了来自威尔士经济发展署、威尔士旅游局和欧盟的 700 万英镑的支持。埃尔斯卡发现中心和加迪夫科学博物馆都处于城市重建的战略位置，因此才有机会获得财政的大力支持。正如一位评论家所说的，未来科学中心很可能要在政治家或地产开发商膝下求生存。[30]

英国的动手型博物馆和科学中心的未来发展很大程度上依赖于国家福利彩票的资助。而英国千禧年委员会也在资助一些主要的新项目或现有中心的再开发。1996 年 5 月，千禧年委员会宣称其会支持布里斯托尔 2000 计划（总投资 8200 万英镑）的一半费用，包括建设两个新的互动中心，其中一个是科学世界——布里斯托尔探索馆的一个新场址。布里斯托尔探索馆部分项目将耗费 2500 万英镑，包括天文馆、虚拟影院和一个高科技"信息中心"（利用互动信息技术，根据观众的兴趣和需求量身提供科技信息），总共将包含 400 个展品。其他 4100 万英镑的合作资金来自布里斯托尔市议会（Bristol City Council）、英国伙伴公司（English Partnerships）、港畔赞助组织（Harbourside Sponsor Group）（通过向开发项目周边的商业和住宅等开发项目征税获利）、华盛顿史密森博物馆和其他私营基金。[31]

同时，伯明翰探索中心为科学之光(Light on Science)中心提供了新场址，而千禧年委员会提供5000万英镑的资金用于迪格贝斯(Digbeth)地区千禧年尖端综合设施(Millennium Point Complex)的建设。[32]伯明翰探索中心包含几个主要的动手型场馆，将科技展品与科学和工业藏品、自然志藏品及当地地方志藏品相结合。探索中心其他的资金合作伙伴有欧洲区域发展基金、伯明翰市议会和私人机构。

科学世界和伯明翰探索中心只是千禧年委员会支持的众多互动科学中心项目之一，加剧了现有中心间的竞争格局。在本书撰写时期，哪些项目将真正筹集资金仍不确定，但是可以明确的是除了支持大型创新型新项目的千禧年委员会，没有其他明显的国家彩票用于动手型博物馆与中心建设。文化遗产彩票基金(Heritage Lottery Fund)的重点放在遗产管理上，不会支持互动展览，除非是与大规模遗产相关（伦敦科学博物馆维康翼现代科学、医药与科技展厅是首家取得文化遗产彩票基金的机构，获得了2300万英镑的资助）。[33]事实上，英国皇家科学中心和皇家学会也会帮助一些科学机构更直接地获取国家彩票基金的资助。[34]同时，艺术彩票基金为谢菲尔德流行音乐国家中心提供资金，而这个中心包含许多互动科学展览的元素，尤其是在音乐制作厅里面体现得更为明显。

基本建设成本

一个新互动发现中心的开发建设成本由场地成本、建筑成本和展品开发成本组成。

场地成本

场地成本完全取决于地址选择。如今的尤里卡儿童博物馆最初是考虑建在伦敦地区。而最终选择哈利法克斯市有许多原因：尤里卡儿童博物馆的赞助人威尔士亲王任商业委员会主席，他选择卡尔德达尔作为重建项目的试验地区；通过这个项目带动周边一块12.5英亩弃地（以前的铁路堆货场)的开发,这块地价值280万英镑,从当地政府手中租赁125年总花费为35万英镑。[35]在前面章节已说明,其他中心如埃尔斯卡发现中心和加迪夫科学博物馆能够利用政府提供给废弃地区的建设资金。因此,位置的选择经常依赖于一系列因素,包括开发补助金获取的难易程度和地块的商业价值。

建筑成本

许多早期的中心都是在低成本土地获取的基础上转化发展而来的。加迪夫科学博物馆最早便是从以前的天然气展示厅起家,位于加迪夫中心商业区,接着搬到现代工业区,最后选址如今的高质量场址,围绕19世纪的一个工程工作坊用钢结构建造而成。布里斯托尔探索馆起源于布里斯托尔维多利亚屋(Bristol's Victoria Rooms)的临时场址,此后迁入现在的地址,利用布里斯托尔老火车站场址建成。埃尔斯卡能量屋也是利用了早期的轨道场址建成(一个古老的发动机修理车间),而尤里卡儿童博物馆最初的选址方向是在大北部分水岭地区(Great Northern Shed),利用尤里卡地区的一个大型轨道仓库改建而成。

但是,由于经费的原因,尤里卡最终决定在紧邻大北部分水岭附近建新址,因为他们当时认为建设一个新建筑的成本比旧仓库改造更便宜(新建筑选址也有更接近于车站和镇中心的优势,比改造维多利亚工业建筑更便宜)。尤里卡的建筑方案很聪明,各方面服务设施都采用高标准,但是事实上它还是个工业厂房,只是正面采用了玻璃材料,石头墙体将玻璃幕墙一分为二,就像一把"刀"劈开这个建筑,这样一个结构使得博物馆的建筑结构和服务能展现在观众眼前。这个建筑获得英国皇家建筑师协会的建筑学奖[36],但是它的建筑耗费事实上只相当于一个普通的厂房建设费用。这样的建筑每平方米造价约为500英镑;尤里卡儿童博物馆总建筑成本将近240万英镑,或者说在1992年相当于每平方米大约533英镑。[37]

近期正开发的一些项目,其设计师和建筑师更加野心勃勃。国家福利彩票不仅提供大量公共资金,而且要求其资助的建筑应当与众不同并且建设达到尽可能的高标准。笔者已参与许多彩票基金提案,这些提案为高质量、造型独特的新建筑方案提供预算每平方米将近 1000 英镑或更多的资助。谢菲尔德正在建设的互动型国家流行音乐中心,便是由艺术委员会彩票大量拨款资助的。以 1996 年货币价格为基准,国家流行音乐中心"颠覆式地标性建筑"将耗费 840 万英镑或每平方米造价达 1853 英镑——比 1992 年尤里卡儿童博物馆的造价高出 250%。[38]

展览本身的成本

上述的建筑成本通常包括基本服务和所有楼层的表面材料、墙体和天花板。展览装修费用是额外算的。尤里卡儿童博物馆能够用有限的预算开发出高品质建筑,它的展览成本也比较低,这在一定程度上是由于好的内部管理,而在另一个程度上也反映了许多展品的低技术属性。一般来说,低技术展品的装修成本通常为每平方米 1500 英镑,高低技术混合展品为每平方米 2000 英镑,而高技术展品为每平方米 2500 英镑。这些展览装修成本包括开发、制造和安装成本,以及所有的展品结构、图形、照明和所有设计及其他专业费用(通常占总装修费用的 15%)。而非展览空间如商店、自助餐厅、仓库、办公室或工作坊的每平方米造价则很大程度上低于这些数值,其中公共的非展览空间(如咖啡厅和商店)比非公共展览空间(仓库或办公室)造价高。

单个展品成本通常在 5000 英镑至 20000 英镑,取决于展品的复杂程度:一般情况下,运用新技术的展品比低技术展品造价高,尤其是要开发新软件则会造价更高。尽管不同类型的展品差别非常大,但一般每个展品占据 10 m^2 的展览空间。

结 论

本章详细考察了英国和美国动手型科学中心和博物馆的财务表现。通过详细分析三个大型独立科学中心的法定会计账目,意在总结出一些好的管理措施(尽管这些指标可能适用于大型非营利性的动手型中心,而不适用于不同尺寸或类型的其他中心;事实上,美国科学技术中心协会报告阐明了这些科学中心确实有很大差异性)。很明显,不管是英国的,还是美国的动手型科学中心,很大程度上都依赖于多样化的收入来源,尽管社会赞助和资助收入依然是重要的财政来源,尤其是最重要的创始资本,但是我们发现商业活动作为收入来源的重要性在不断增加。

在美国,近期发展起来的动手型中心比更古老和建设更完备的中心更加依赖于商业经营活动。正是因为这些新生机构的资金来源有限,它们才会更奋力寻求生存之道。因此,新的科学中心相互角逐,竞争观众市场,也必将导致老的博物馆和科学中心的观众量减少。在英国,国家福利彩票对互动中心建设的支持加剧了本已十分激烈的休闲市场的竞争。尤里卡儿童博物馆和布里斯托尔探索馆的财务数据反映出这两家机构在促销活动上的付出更多,即便如此,仍然不能避免观众数量的减少的困境。有一些证据表明尽管这些机构很年轻,但它们已经进入产品生命周期的衰退期。这两个中心正在计划重点开发更新核心产品,提升吸引力。动手型科学中心与其他旅游景点之间的竞争如此激烈,不得不说好的市场管理手段极为迫切,而下一章我们则着重讨论功能管理的问题。

注　释

1 M. St. John and S. Grinell, *Highlights of the 1987 ASTC Survey: an independent review of findings*, Washington, DC: ASTC, 1989, p. 9.

2 S. McCormick, *The ASTC Science Centre Survey: administration and finance report*, Washington, DC: ASTC, 1989, p. 11.

3 Ibid., pp. 12-14.

4 S. Grinell, *A New Place for Learning Science: starting and running a science center*, Washington, DC: ASTC, 1992, p. 108.

5 Ibid.

6 The Children's Museum, 1990 *Annual Report*, Indianapolis, IN: The Children's Museum, 1991, p. 11.

7 Chicago Children's Museum, 1990 *Annual Report*, Chicago: Chicago Children's Museum, 1991.

8 Please Touch Museum, 1990 *Annual Report*, Philadelphia: Please Touch Museum, 1991, p. 7.

9 Children's Museum of Manhattan, *1989/90* '*Annual Report*, New York: CMOM, 1991, p. 1.

10 M. Hanna, *Sightseeing in the UK*, London: BTA/ETB Research Services, annual series.

11 S. McCormick, op. cit. , pp. 14-15.

12 M. Hanna, op. cit.

13 S. McCormick, op. cit.

14 Ibid.

15 British Interactive Group, *Handbook*, 1, 1995.

16 British Interactive Group, *Directory*, 1993/4 and 1996.

17 M. St. John and S. Grinell, op. cit. , p. 11.

18 Ibid. , p. 10.

19 M. Quin, 'The interactive science and technology project: the Nuffield Foundation's launchpad for a European collaborative', *International Journal of Science Education*, 13, 5, 1991, pp. 569-573.

20 Ibid.

21 Ibid.

22 Nuffield Foundation, *Sharing Science: issues in the development of the interactive science and technology centres*, London: British Association for the Advancement of Science, 1989.

23 British Interactive Group, *Newsletter*, summer 1995, pp. 5, 8.

24 S. Tait, *Palaces of Discovery*, London: Quiller Press, 1989, pp. 96-7.

25 *Leisure Opportunities*, March 1995, p. 2.

26 M. Quin, 'Aims, strengths and weaknesses of the European science centre movement', in R. Miles and L. Zavala (eds), *Towards the Museum of the Future*, London: Routledge, 1994, pp. 48-50.

27 Derived from Techniquest's statutory accounts.

28 J. Brown, 'Attraction review: Exploratory and Techniquest', *Leisure Management*, May 1992, pp. 36-8.

29 S. Tait, op. cit. , p. 96.

30 M. Quin, 1994, loc. cit. , p. 48.

31 British Interactive Group, *Newsletter*, Summer 1996, pp. 1-2.

32 Ibid., winter 1996, p. 8.
33 Ibid., autumn 1996, p. 1.
34 Ibid., p. 9.
35 *Halifax Evening Courier*, 8.7.92, p. 3.
36 *Museums Journal*, Jan. 1994, p. 39.
37 *Halifax Evening Courier*, loc. cit., p. 4.
38 National Centre for Popular Music, promotional material, Sept. 1996.

第五章
市　场

本章研究了动手型博物馆和科学中心的市场需求，并思考如何进行市场管理才能有效地识别观众需求，进而最大限度地满足观众需求。

市场营销

英国特许市场营销协会（Chartered Institute of Marketing）将市场定义为"有效有益地识别、预测和满足客户需求的管理过程"。[1]市场策划过程概念简单：起始于组织对其经济和其他目的的定义，接着对市场现有和潜在的服务提供情况进行审计，识别内在优势和劣势以及外部机遇和威胁（SWOT分析）。接着在与企业总体目标一致的前提下，根据SWOT分析的结果，为现存和潜在的市场规模设定市场目标。最后是设计出满足市场目标的长期和短期策略，持续地对过程绩效进行监控，且根据市场状况的变化不断调整和优化策略。[2]

本质上，动手型博物馆和科学中心是市场导向型的机构。想要达到通过互动进行学习的效果，便有赖于识别和满足观众需求。成功的动手型博物馆应该在展览的各个环节都邀请公众参与，从前置评估、过程评估和总结评估都要注重公众的意见；事实上，评估的整体目标是确定观众需求，其后是检验展览是否满足那些需求。员工招募进来之后要进行培训，以此来提升用户体验，同时用质量控制确保服务标准化。此外，观众研究可以确定观众的人口特征，辨别观众的真实体验是否与期待的一致，从而保障科学中心可以考评其传播策略的有效性。简言之，市场是动手型博物馆的核心。成功的市场营销需要围绕客户需求以观众为中心提供服务，并且预算要控制在机构可获取的资源范围内。同时，每个博物馆机构都可能配备了精明的市场营销人员且有相应的市场投入预算，动手型博物馆只有在整个服务文化中贯穿以观众为本的理念，才有可能成功地达到其教育目标。

这本书对动手型博物馆管理的市场营销路径进行了整合：本书整体从市场的角度撰写，因为市场、产品开发、人力资源管理、运营管理、教育、项目规划之间高度相关。动手型博物馆在广阔的休闲市场中的角色在第一章和第九章有专门研究。而第二章则帮助说明支撑互动模式背后的教育哲学，而以观众为中心的产品开发过程则在第三章中讨论。第四章（财务）、第六章（运营管理）、第七章（人力资源管理）和第八章（教育项目与特别活动管理）都是探讨在满足观众需求方面博物馆好的管理措施和实践。总之，市场要素并非管理的额外部分，正如本书所指出的，市场管理是动手型博物馆成功的核心，并且支撑着这本书的结构。

关于市场的教科书告诉我们的营销组合方式（也就是 7 个 P：产品、地点、推广、价格、人力、有形展示和过程）直接适用于动手型博物馆的开发和管理。[3]有效地管理一个动手型博物馆需要满足以下七个条件。

1. 开发一款产品能够识别和满足目标观众的学习和其他需求（产品）。

2. 选址靠近目标观众的中心位置（地点）。

3. 将机构的好处传递给潜在观众和赞助商（推广）。

4. 将价格设定在目标观众的支付能力内并与机构的经济目标相一致（价格）。

5. 高质量的人际互动来提升用户体验（人力）。

6. 确保新的和潜在的观众能理解动手体验的背后理念（有形展示）。

7. 持续提供高质量产品（过程）。

同时大多数有关营销组合的要素管理的优秀实践都在本书中有讨论，本章详细研究了营销组合的两个重要元素（价格和促销/公共关系）。然而，由于成功的营销需要有针对性地满足不同公众的需求，所以下一部分在第一章的市场评估的基础上考察动手方法的需求。

需　求

第一章阐明了动手型博物馆和科技中心在观众中很受欢迎：最近一个分析英国博物馆潜在市场的报告指出，与展品互动的能力以及对儿童有吸引力的活动是吸引人们参观博物馆的两个主要因素。[4]儿童观众占博物馆参观人数的1/3，而以家庭为单位（不是学校）的儿童参观占据着最重要的市场份额。[5]最新数据显示，1995年，英国的博物馆观众有31％是由儿童构成的，尽管各区域差异很大（最显著的是，北爱尔兰的博物馆观众中有53％是由儿童构成的，而苏格兰的是24％）。儿童占据英国所有类型旅游景点的观众的32％，所以博物馆和行业平均差异不明显。[6]因为博物馆的数据包含所有类型的博物馆，所以可以较合理地推断出以家庭团体客户为主要目标市场的博物馆最终获得的儿童观众占比也较大。

第二章展示了博物馆营造的社会环境对参观体验的重要性，以及为何家庭团体需要一个适用于所有成员的安全且具有教育意义的环境。博物馆，尤其是动手型博物馆和科学中心，能够为这种家庭探索提供一个吸引人的环境。博物馆体验的质量似乎是影响观众量水平的主要因素，但是公众需求同时还受到社会、文化、经济、政治和人口等综合因素的影响。[7]

人口趋势

人口趋势的研究可以部分帮助解释需求的增加，如表5.1所示。

在1991年，英国儿童数量达到30年来的最低水平——16岁以下的儿童数量约1170万。儿童数量呈周期性变化，如今呈上升趋势。

2001年16岁以下的儿童数量预计比1991年高出5%。年龄在5~10岁的儿童数量在2001年前大致是处在增加趋势中,但之后便会减少。年龄在11~15岁的儿童数量将在2001年后增加。

儿童数量部分反映了过去出生人口数量的变化:近期的儿童数量上升是由于20世纪60年代生育高峰出生的人现在都有了自己的孩子(这被称为"回声潮一代")。从1971年10岁以下孩子的数量便可以推断出1992的人口分布特征,如表5.2所示,25~34岁年龄层的人数最多(也就是说,出生在1958—1967年的人,正好现在都有了孩子)。

单是从人口增长趋势还不能解释近期儿童游乐场所和景点增长的原因,因为相对20世纪的早期来说,英国儿童数量占总人口数较小。

表5.1　1961—2001年英国16岁以下儿童数量　　　千人

年份\年龄	0~4岁	5~10岁	11~15岁	0~15岁
1961	4274	4585	4289	13148
1971	4553	5580	4124	14257
1981	3455	4553	4533	12541
1991	3885	4409	3444	11738
2001	3844	4680	3873	12397

资料来源:OPCS, Social Focus on Children。[8]
注:2001的数据是基于1992年推测得出的。

表5.2　1992年英国人口年龄

年龄/岁	数量/千人	百分比/%
0~4	3781	6.7
5~14	7026	12.5
15~24	7713	13.7
25~34	8954	15.9
35~44	7616	13.5
45~54	6720	11.9

续表

年龄/岁	数量/千人	百分比/%
55~64	5646	10.0
65+	8933	15.8
总计	56388	100.00

资料来源：CACI。[9]

1911年，英格兰和威士儿童人口占总人口的比例接近30%，但是到1991年这个数字降到约20%。[10]英国人口出现老龄化现象，一方面，是由于收紧的生育政策降低了人口出生率；另一方面，因为更好的医疗保健水平使得人寿命增长。同时儿童数量不如20世纪早期那样重要，这是由于在20世纪60年代的生育高峰下出生的孩子如今正好已处于生育年龄，从而导致了如今的人口回声潮。表5.1显示由于出生在最近的生育高峰的儿童也在长大，所以，儿童数量本身也在老化，但这种数量上升的趋势还是可能会持续到21世纪早期。因此，如果人口趋势是一个重要的因素，那么在2000年前希望以家庭团体观众为主要客源的景点，包括博物馆事实上都应该重点考虑青少年，而不是把儿童作为主要的市场目标。

人口数据部分解释了20世纪90年代早期以吸引儿童和家庭团体为目标的景点增长的原因，人口数据还可能得出未来几十年迎合青少年的景点和场所还需增加的结论。然而，人口趋势仅能说明部分问题，而需求是受许多其他因素影响的，如可利用的业余时间、家庭用于休闲的可支配收入等都会影响市场需求。

休闲时间

1994年，明特尔（Mintel）针对英国的成人做了一项有关休闲时间的调查，样本量为1678个，调查结果显示个体和家庭之间可支配的休闲时间差异巨大。平均来说，成年人每周有42小时的休闲时间，但是数据隐藏了性别间的差异。事实上，女性可用的休闲时间比男性少，其中需抚养孩子的女性每周平均有27小时的休闲时间，而没有孩子的是每周 48 小时。而拥有休闲时间最少的人群是年龄为 35～45 岁，且有 15 岁以下孩子需抚养的职业女性（换句话说，互动中心正是为这样特定的人群设计的）。[11] 1991 年，美国的一项调查显示美国家庭每周平均有 19 小时的休闲时间，而工作女性仅有 12 小时（还有 21％的女性样本表示她们没有任何空余时间）。[12] 虽然两项调查的结果没有条件直接对比，但是有个很明显的现象是在英国和美国家庭休闲时间都是一个越来越稀缺的资源，一方面是因为单亲家庭增多，另一方面是因为女性出去工作的人数也在增多。

	休闲时间丰富	休闲时间紧缺
资金丰富	提早退休； 不在职的职业男性； 不在职/非父母的职业女性	全职的职业工作者； 在职母亲
资金紧缺	兼职工作者； 失业者； 享受国家福利的退休人员	困难家庭的在职母亲； 单亲父母

图 5-1　谁可以负担得起休闲时间？

资料来源：Leisure Forecasts，1996—2000。[13]

图 5-1 以时间和金钱为坐标绘制出的简单矩阵，说明了以家庭为目标的景点需求增加的原因不仅是因为家庭成员缺少休闲时间，而且还受经济因素影响。单亲家庭更是受到休闲时间缺乏和经济不宽裕的双重夹击。通常来说，去博物馆的人一般是社会精英阶层。事实上，来自所有社会经济矩阵的人都会参观博物馆，这和整个人口结构并没有那么大的差异。[14] 有些证据显示影响需求的更有力因素还包括受教育程度——受正式教育时间越久，越易成为博物馆的观众。[15]

调查表明，40％的人每年至少参观博物馆或美术馆一次，40％的人偶尔参观，剩下 20％的人很少参观。[16] 国家遗产部门指出有 32％的人每年都参观博物馆，同时 21％的人会参观美术馆（明显地，这两部分参观的人有部分重叠）。[17]尽管支付门票的能力和可用业余时间的缺乏是制约因素，仍然可以说处在每一个经济社会地位矩阵的人都有参观博物馆的需求。简言之，虽然动手型博物馆和科技中心需求的增加部分受到儿童数量增长的影响，但是事实上人口变化的影响并不那么重要，而更广泛的社会因素，包括收入和休闲时间的影响更为显著。

家庭集体休闲时间的缺乏导致英国大多数参观博物馆的参观时间都少于1小时。1991—1992年的一项调查显示48%的博物馆观众参观当天的出行距离少于18 km，13%的出行距离在48~80 km，同时39%的出行超过80 km。[18]

不管是处在社会经济地位矩阵哪个位置的家庭，休闲时间都非常有限，但是家庭却是博物馆观众的主要构成群体。正如第二章所说的，以家庭为单位，在一个安全且有趣的环境下自由探索是所有社会经济阶层的需求。直到孩子成长到青少年之前，家庭在这方面都非常积极，但是这个目标人群具有很大的优势，那就是新生家庭总会成长起来，填补那些因为孩子长大了而失去的家庭团体观众。因此，这就使得大量的动手型博物馆都将自己的目标观众定位于年龄在13岁以下的儿童，包括以家庭为单位和由学校团体组织的儿童。

表5.3表明了在1989—1994年加迪夫科学博物馆家庭观众和学校观众的重要性。一般来说，博物馆观众在夏季达到峰值，5~8月四个月期间观众量占到全年总量的50%。不过加迪夫科学博物馆的观众全年分布更为均匀，5~8月观众量只占39.3%。尽管加迪夫科学博物馆相比博物馆整体情况较少依赖于夏季月份，调查显示它的观众量最高峰月份仍是在假期期间：8月（暑期），4月（复活节），10月（秋季期中假期）。下一段最忙的月份是7月（大部分在学期内）和2月（春季期中假期）。加迪夫科学博物馆的情况表明家庭会把握所有的学校假期时间共享博物馆家庭体验时光，尽管7月学校团体参观数众多，但无疑科学中心假期接待的观众还是比学期中多。

表 5.3　1989—1994 年加迪夫科学博物馆观众量的季节性分布

	到加迪夫科学博物馆的平均观众数量/人	到加迪夫科学博物馆的平均观众数量占比/%	到英国博物馆的平均观众数量占比/%
1 月	4543	4.3	3
2 月	10014	9.6	7
3 月	9112	8.7	7
4 月	11427	10.9	10
5 月	8898	8.5	13
6 月	7323	7.0	15
7 月	10501	10.0	11
8 月	14424	13.8	10
9 月	5614	5.4	7
10 月	10903	10.4	6
11 月	7377	7.0	7
12 月	4583	4.4	4
总计		100.0	100

资料来源：由加迪夫科学博物馆提供的数据；*Leisure Day Visits in Great Britain* 杂志 1988—1989 年的博物馆数据。[19]

成功的市场策略要求机构能识别和满足已有的和潜在的目标群体的需求。市场理论认为市场渗透始终是最有效的策略，因此家庭和学校团体应该是动手型博物馆首要的市场目标。不过还有其他两个群体也需要关注，即 50 岁以上的人和青少年，这是目前博物馆市场最易忽视的两个年龄层[20]，但是他们却是动手型博物馆的潜力观众。刚退休的人群金钱和休闲时间都很充裕——这类人群行动方便，一般都会带着孙子(女)出行。吸收这些群体独自前来参观或者携带自己的孙子(女)来玩，是博物馆重要的市场来源。青少年群体也是一个有趣的目标市场：休闲时间多却收入少，而市面上也少有直接专门针对这个市场人群的休闲机会。通过精细的规划，互动中心或许能满足这样的需求，也许由于时间机动性和资金的缺乏会难以吸引本地之外的青少年人群，但不可否认有这一块的市场空缺。不过,英国伦敦科学博物馆最近已开发了直接针对青少年市场的互动式展品,而美国也涌现出了相当多的好的实践案例(在第八章中将论及)。

案例研究:尤里卡儿童博物馆的观众

1993年夏季,尤里卡儿童博物馆对来馆参观观众展开了一项为期6个星期的调研,随机抽取了594份成年观众样本。[21]调查发现来馆的最典型观众群体是白人欧洲家庭,一般有4~5个家庭成员。成年女性的人数是男性的两倍多,不过群体内儿童的男女性别相当。72%的儿童观众都在博物馆预想的5~12岁,尽管25%的儿童年龄低于5岁(这是意料之外的,博物馆仅有一个区域是专门为这个特定年龄层的孩子设置的)。在目标年龄群内,仅11%的儿童观众在11~12岁,说明了尤里卡儿童博物馆更倾向于小孩子。[22]事实上,仅3%的观众年龄在13~15岁,说明尤里卡儿童博物馆的目标不是青少年群体的政策是有效的。在这些成年人中,49%的人群年龄在35~44岁,同时27%的人群在25~34岁(加起来76%的成人,这比英国平均44%的成人观众比例高得多[23])。仅有5%的受访人群年龄超过65岁。

超过一半的样本分布在社会经济人群矩阵的A/B和C1区域内,也比国家平均比例要高。受访观众只有2%以下的是非白人群体,同时6%的样本是含有一个残疾人的群体。86%的样本群体在参观当天是从家里出发,其中7%是住在酒店,6%是住在朋友或家人那里。超过一半的住在西约克郡或邻近的兰开夏郡和大曼彻斯特郡。4%的人来自英国以外的国家。在参观当日,80%自驾而来,12%坐火车,6%乘巴士或公共汽车。

超过一半的样本观众从朋友或家人那里听说过尤里卡儿童博物馆,23%获得过来自个人的推荐。女性做决定去参观占样本的62%,儿童做决定的占22%。45%的样本提前一周决定,33%一周前做决定。75%的样本首次参观,25%重复参观(两个人表示这是他们第10次参观,而截至调查之日,博物馆仅开放不到一年)。受访观众在博物馆平均逗留时间是 3 小时 40 分钟，不过时间波动范围是最少 40 分钟、最多 7 小时。

主要的细分市场

互动中心的主要的细分市场（按重要性递减次序排列）可能如下所示。

1. 距离 60 分钟车程以内的日间观众。
2. 教育和其他群体参观。
3. 距离 60～120 分钟车程的日间观众。
4. 过夜的国内或国外游客。

下一部分将详细探讨每个层次的观众，基于 1993 年观众研究的成果和公开的市场信息，预估出尤里卡儿童博物馆的观众市场。

一级市场

动手型博物馆或科学中心的一级市场观众毫无疑问是 60 分钟车程内的访客，尤其是有 13 岁以下儿童的家庭群体，但也有吸引其他年龄层的潜力。这类人群包括有充裕的休闲时间、时间机动性强和资金充裕的刚退休人员，以及业余时间充裕但是时间可支配性不强、资金缺乏的青少年。

运用标准的路径规划软件可以确定到尤里卡儿童博物馆 60 分钟车程内的这块首辐射区（Primary Catchment Area）。研究发现这块首辐射区呈椭圆形状，沿 M62 号公路构成东西主轴，西起英国西海岸利物浦，东至赫尔郊区。南北轴线北至哈罗盖特，南至谢菲尔德。因此，利兹市、布拉德福德、曼彻斯特、利物浦和谢菲尔德都在 60 分钟车程范围内。尤里卡儿童博物馆选址哈利法克斯市这一决定在规划期间被很多人质疑，但是它很快便用自己的成功证明了在一个目前旅游市场不发达的小镇建造一个旅游吸引场所是可行的，只要地址处在大量人口据点的中心位置。

用60分钟车程的区域边界和1991年人口普查数据结合来看，可以得出尤里卡儿童博物馆的首辐射区总共有790万人口。一般来说，重要的互动中心一级市场渗透率通常占人口总数的2%~3%。显然地，一个具备高水平营销技巧的创新型科学中心将比一个小规模、较少创新的中心的市场渗透率更高。尤里卡儿童博物馆在1993—1995年年平均观众量达到400000人。上述的1993年尤里卡儿童博物馆观众调查，以及英国日间参观（Day Visits in Great Britain）调查[24]两项调查综合显示出将近60%的观众一般都居住在首辐射区内，参观出行距离一般少于80 km。尤里卡儿童博物馆的调查不包括学校和其他群体的团体组织（约100000名观众）。剩下的300000观众中，调查报告发现有13%（39000人）的观众晚间会在博物馆所在区域留宿。因此，可以合理地预估出将近156600（占到261000人的60%）非群体组织的观众来自这个一级市场。总的来说，市场渗透率占到790万人口总数的2%，和行业整体趋势一致。

教育市场

第二大观众市场来自教育或其他团体组织，主要来自首辐射区，但也不排斥来自其他区域的群体。这一次级市场的相对重要性取决于许多因素，包括展览与国家规定的教育课程相关，竞争程度以及成本（这是与教育目标相对的）。例如，曼彻斯特科学与工业博物馆吸引的来自首辐射区、二级辐射区和三级辐射区的教育团体观众占到总观众量的将近40%。教育团体一来就是一整天，博物馆展览和活动在许多学科范畴以及学习阶段都与学校课程紧密相关，因此在正接受正式教育的群体中广受欢迎是显而易见的。另一方面尤里卡儿童博物馆完全瞄准一级市场，不太鼓励大一点的学生来参观。同时尤里卡儿童博物馆参观的教育意义是明确的，其仅仅以小学年龄层为目标观众，明显比曼彻斯特科学与工业博物馆以更宽年龄范围的学生为目标的观众人数少，这可能是尤里卡儿童博物馆仅有接近25%的观众来自正式教育团体的原因。

根据人口普查的数据，尤里卡儿童博物馆首辐射区内学龄儿童是

115万人。尤里卡儿童博物馆的目标观众——5～12岁的儿童，这个区域内总计848000人。尤里卡儿童博物馆实际上接收的学龄儿童观众有将近100000人，这些儿童观众有的是由学校集体组织，有的是由其他团体组织而来，假设所有教育团体观众都来自首辐射区，那么尤里卡儿童博物馆5～12岁儿童领域的市场渗透率将达到12％。事实上却达不到这个数，可见有一部分数目不明的团体观众是来自首辐射区之外的。

二级市场

第三大市场的组成部分可能是居住在离博物馆1～2小时车程距离的家庭团体。由于博物馆的创新程度、市场同质竞争水平和推广水平的差异，二级市场渗透率显著低于一级市场渗透率。有1140万人居住在离尤里卡儿童博物馆1～2小时车程范围内。之前已引用过的1993年尤里卡儿童博物馆观众调查，连同英国日间观众调研[25]，已表明有将近40％的观众居住在首辐射区之外。除去团体观众和那些在这个区域留宿的人，我们可以合理地推测到104000名观众（占261000总数的40％）都是在参观当天来回，都从二级辐射区出行。这个区域的市场渗透率为0.9％（总人口1140万），这和整个行业趋势也是一致的。

旅游市场

每年来自英国本土的将近55000万人次当天来回的短途旅客，大部分路程时间在1小时以内。旅游者被定义为那些在一个地方待着过夜而非住在自己家的人。1992年，英国吸纳了7700万英国境内游客，1600万海外游客。[26]显然地，动手型博物馆的过夜游客数量首先受当地游客市场本身规模大小的影响，其次旅游目的地能提供产品的独特性以及市场的宣传策略都是重要的影响因素。一般来说，游客更喜欢参观遗址景区而不是博物馆或主题公园（例如，1995年来自国外的游客参观英国历史景观的占到游客人数的34％，而参观博物馆的游客只占到21％）。[27]

在约克郡和亨伯赛德郡，博物馆游客中来自国外的占到8％，尽管1993年的尤里卡儿童博物馆调查显示这个数据仅有4％。调查报告还显示过夜的英国旅客占样本总量的 9%；按总量来看，1995 年在西约克郡过夜的旅客参观博物馆的人数占到 0.3%（总数 920 万）而占到 340 万国外过夜游客的 0.4%。[28] 这也与行业整体趋势一致。详细数据见表 5.4。

表 5.4　尤里卡儿童博物馆观众情况

	总人口数/人	游客数量（估计数值）	%	市场渗透率/%（估计数值）
一级市场（0～60 分钟驾驶时间内）	7900000	156600	39	2
团体市场（首辐射区内 5～12 岁儿童）	850000	100000	25	12*
二级市场（60～120 分钟驾驶时间）	11400000	104400	26	0.9
英国游客（在西纽约过夜的）	9200000	27000	7	0.3
国外游客（在西纽约过夜的）	3400000	12000	3	0.4
总计		400000	100	

资料来源：笔者的推断依据有驾驶时间分析；人口普查数据；尤里卡儿童博物馆访客调查数据；约克郡旅游委员会数据；英国《观光》杂志发布的数据；*Day Visits in Great Britain* 公布的数据。[29]

注：* 这个数据推断是基于所有团体游客都来自一级市场的假设，事实上并非如此，实际的首辐射区市场渗透率要比这低。

重叠市场

主要的科学中心之间以及它们的一级市场和二级市场之间有相当大的重叠。图 5-2 显示了那些年观众量超过 10 万人的科学中心和动手型博物馆的市场重叠情况。

图 5-2 清楚地表明英国主要的互动发现中心在观众市场方面在进行激烈的竞争，尤其是对二级市场群体的竞争。这张统计表是排除了观众少于 10 万的动手型中心的，更不必说其他的市场竞争主体了，可见市场竞争的激烈程度。加迪夫科学博物馆和布里斯托尔探索馆就处在彼此的首辐射区域内，市场相互重叠，但是据 1996 年 7 月到 10 月对加迪夫

	布里斯托尔探索馆	加迪夫科学博物馆	伦敦科学博物馆	尤里卡儿童博物馆	斯尼伯顿发现博物馆	纽卡斯尔发现博物馆	伯明翰科学之光博物馆	曼彻斯特科学与工业博物馆	柴郡焦德雷尔班克天文馆
布里斯托尔探索馆		P	S		S		S		
加迪夫科学博物馆	P						S		
伦敦科学博物馆	S				S		S		
尤里卡儿童博物馆					S		S	P	P
斯尼伯顿发现博物馆	S		S	S			P		S
纽卡斯尔发现博物馆									
伯明翰科学之光博物馆	S	S	S	S	P			S	S
曼彻斯特科学与工业博物馆				P			S		P
柴郡焦德雷尔班克天文馆				P	S		S	P	

图 5-2　英国主要动手型景点的市场重叠区域

注：P＝首辐射区的重叠部分；S＝二级市场的重叠区域。

科学馆 10620 名观众来源地邮政编码的调查，发现接近一半观众有加迪夫地区的邮政编码，仅 2% 有布里斯托尔的邮政编码。[30] 看来布里斯托尔地区的人并不是布里斯托尔探索馆的竞争对手——横跨威尔士塞文河的加迪夫科学博物馆观众的重要组成部分。但是这两个中心近距离挨着确实会使它们在一级市场的渗透能力被弱化。英国国家福利彩票资助互动科学中心的建设使得中心数量增多，更加剧了竞争的激烈，一些现有的科学中心准备扩建或重建，还有一些大型科学中心准备在别的地方建分馆，从而也加入了一级市场的竞争。

由于英国动手型中心之间，以及动手型中心与其他景点之间的竞争激烈，因此需要精细的市场策划。因此以下两个小节便阐释如何使用市场营销工具——价格和促销来获得策略优势。

价　格

英国旅游景点的价格设定与许多因素有关，并不是都和经济理论一致。历史价格、竞争者的定价以及对市场承受能力的预估都是定价的影响因素。私人、公共及其他独立机构等不同主体运营的旅游景点的商业和社会目标各异，决定了其定价的复杂性。在英国，60% 的旅游景点收取门票费，而博物馆收取门票的比例是 51%。即使在收费博物馆内，也有许多费用补贴：几乎没有哪所公立博物馆是通过收取门票来维持生存的。[31] 要想门票收益最大化，便要选定合理的门票类型及对应的价格，还要有合适的优惠政策以及特别活动或特展的额外门票费。事实上，定价是典型的市场决策，这是由于门票机制会向潜在客户传递一种吸引的信号，告诉他们博物馆在主动向他们招手。

所有英国景点的平均成人票价是 2.42 英镑，而博物馆的却只有 1.82 英镑。因此，那些收费博物馆通常设定的价格比其他旅游景点低。所有旅游景点的平均儿童票价是 1.40 英镑，博物馆的是 1.02 英镑（分别相当于成人票价的 58% 和 56%）。[32] 重要的是，1997 年尤里卡儿童博物馆的儿童票价是成人票价 4.95 英镑的 80%，成人是从年龄大于 12 岁开始计算的。这些价格向潜在观众传达有力的信息：首先，这对于成人和儿童而言票价都比较贵，提示观众可以预期展览和活动的高质量（1995 年 7%的英国博物馆成人门票价格超过 4 英镑）。[33] 其次，成人票价从 13 镑起，这是故意想将目标年龄(5～12 岁)之外的人群排除在外。最后，儿童与成人间门票价格比明显地高于其他博物馆和旅游景点的平均值。

儿童旅游景点的成人票价和儿童票价的关系很有意思。虽然有些父母可能会认为儿童票价定太高是不合理的，但是向设施对应的目标人群收取较高费用是合理的。事实上，尤里卡儿童博物馆的确考虑过效仿美国那些儿童博物馆的做法，将儿童票价定得高于成人价格（例如，丹佛儿童博物馆成人收费比儿童低，克利夫兰儿童博物馆也是这样做的）。[34] 儿童博物馆通常目标是鼓励成人和儿童一起学习，所以对成人经常进行票价打折，来鼓励更多成年人产生兴趣(而且有成人看护也能减少孩子对展品的破坏)。美国许多私人游乐场所对成年人是免费的。[35] 像大多数英国旅游景区一样，尤里卡儿童博物馆也会给学校和其他团体提供免费成人席位和成人优惠票来增加团队中的成人比例(学校团体的比例通常比家庭参观中的低很多)。但是，英国定价传统不一样，注定不会像美国丹佛儿童博物馆给家庭团体游览中的成年人提供优惠。重要的是，加迪夫科学博物馆遵循英国传统，将儿童票价定为成人票价 4.50 英镑的 56%。

从 1992 年起尤里卡儿童博物馆利用其在儿童博物馆市场中的支配地位，进行了门票涨价。1993 年的访问调查显示 80%的观众对票价感到满意——评论显示观众在参观之前觉得票价过高，但在离开时会觉得物有所值。[36] 在 1992—1997 年，成人票价格上涨了 41%，儿童票价格上涨了 58%(家庭团体票 1992 年能一次 5 个人一起用，现在只让最多四个人用)。尤里卡儿童博物馆的参观需求是稳定的——门票价格上升，参观人数也不会相应下降。学校团体价格上涨较小反映出学校团体市场

第五章 市 场

比家庭团体对价格更敏感。总的来说，价格的增长反映出在所有细分市场的顾客都有强烈需求，尤里卡儿童博物馆提供大量优惠来吸引非高峰段的观众，尤其是在学期中下午3点后对观众实行半价优惠（这个时间段散客很少）。在美国，许多儿童博物馆在晚上或者在其他非高峰时间段提供免费或低价的门票。例如，费城"请触摸"博物馆（Please Touch Meseum in Philadelphin）在星期天可以免费入场，但设置捐赠箱，鼓励观众自愿捐赠。[37]

总之，价格是很重要的市场工具，不仅可以用来从观众那里获取最多的收益，而且可以起到调节客流量的作用，在高峰时间降低客流量，在非高峰时间段鼓励观众参观。同样也可用于帮助实现更多的社会目标（通过提供优惠），鼓励成年人和儿童以家庭团队形式参加（通过提供家庭票和成人优惠票），间接地减少对展览的损害（通过免费或者优惠票鼓励更多的成年人参加）。

促 销

这一节试图说明成功的市场营销并非仅仅是有效的促销活动：如果动手型博物馆想要实现更广泛的教育目的，那么有必要在每个管理功能中都以观众为中心。然而，促销是一项重要的市场工具，当一个博物馆确定市场预算时，这部分预算总会额定地用于广告、促销和公共关系维护。

休闲产业不同主体市场投入水平不一，尤其是在公共和私营机构之间差距较大。1992年的一项调研显示一半的当地政府娱乐服务部门在市场活动上每年花费少于5000英镑，超过一半的部门没有市场策略或规划，超过一半的部门没有人负责市场营销。[38]另外，在1995年三个公共性质的博物馆（英国自然博物馆、伦敦科学博物馆和比米什露天博物馆）在市场营销上花费超过10万英镑，相比之下两个商业性休闲公园市场营销花费超过一百万英镑。[39]在动手型博物馆中，如第四章已说明的，

1995年尤里卡儿童博物馆在市场营销方面投入15.9万英镑,这是因为它意识到为了与主要博物馆和其他旅游景点竞争,大量市场投入是有必要的。

机构的个性化需求不同,在生命周期的不同时段,推广费用也不同,但是一个普遍接受的数据是一般10%的费用应花费在推广活动上。事实上,第四章揭示了尤里卡儿童博物馆、加迪夫科学博物馆、布里斯托尔探索馆推广活动的平均支出是8%。但是近年来尤里卡儿童博物馆和布里斯托尔探索馆将推广支出提升到整体支出的11%,尽管这两个博物馆观众数量在减少。这些支出上的增加反映出英国休闲市场的竞争更加激烈,从1993年到1995年尤里卡儿童博物馆平均每个观众的营销支出从0.25英镑增加到0.44英镑,从1993年到1994年布里斯托尔探索馆则从0.21英镑增加到0.36英镑。

促销策略不可避免地在一定程度上由产品生命周期决定。[40]新成立的机构需要吸引公众的目光,提升目标观众群体的关注,一般会把更多精力放在公共关系上;而一个成熟的机构需要在广告或其他营销方式上投入更多,以吸引更多的观众来维持存在感。促销策略成功的关键是确保通过多样的营销途径传递的信息是清晰、连贯且真实的。需注意的是,尤里卡儿童博物馆观众调查显示一半的观众是通过朋友或家庭了解到博物馆的,约有1/4的观众是受以前参观过的人的推荐的。口口相传通常是最好的营销方式,所以传递的信息要真实,实现不了的服务就不要承诺,因为差评会快速传播。

公共关系意味着与地区、州县和国家的媒体搞好关系,在新闻、广播、电视上获得最大的曝光。如果公共关系活动做得成功,便能在印刷媒体和广播媒体上获得较高的曝光度。当然这永远不会是免费的,因为这需要相当多的时间和资金来通过新闻公布、媒体推广和发布会树立专业形象。博物馆公共关系研究处在初始阶段,水平比较业余,未经规划且不太成功。[41]然而,对于那些了解媒体运作的博物馆而言,公共关系是一项极好的向潜在观众、赞助商和利益相关者传递积极信息的方式。

在地区和州县层面，媒体通常都对博物馆感兴趣，因为儿童博物馆或动手型中心可以为记者提供公众感兴趣或与众不同的新闻话题。想要在国家媒体层面获得关注则要困难得多，但也不是没有可能。尤里卡儿童博物馆在开馆之前的几个月就非常注重公共关系，在所有全国性的主要报纸、英国各地广播电台，以及众多儿童电视台都投放了广告，成功地覆盖到各类媒体，获得广泛关注度。例如，在开业前尤里卡儿童博物馆通过广播和新闻向媒体发布一些前置评估发现的令人吃惊的调查结果（如儿童对于"工作"的看法），由此以非常小的成本获得了全国关注。电视曝光非常重要：很少有英国博物馆能够支付得起昂贵的电视广告费（1995年仅有三个博物馆在电视广告上花费超过40000英镑[42]），但是尤里卡儿童博物馆却经常在儿童电视和教育项目上很活跃。简言之，了解媒体的运作方式并且采取专业途径是公共关系成功的关键。

当动手型博物馆到达成熟期，尽管新的展览或活动具有一定吸引力，但想要通过公共关系吸引媒体兴趣就变得更加困难，事前媒体宣传比事后播出效果会更好。然而，成熟的博物馆不得不增加时间和资源投入在传统推广方式上，如广告、海报和发传单。这些方式成功的关键在于了解博物馆想要渗透的细分市场，并通过推广活动有效地针对这些市场。显然，这意味着要通过其他博物馆、旅游信息中心和酒店向首辐射区有效分发传单，吸引有参观博物馆习惯的人群来参观比鼓励没有这样习惯的人群参观能更有效地渗透市场（如果博物馆有社区服务目标，这将更加重要）。监测观众是如何了解到博物馆是非常有必要的，这有助于在未来更精准地投放广告。

充分利用印刷材料的特性也非常重要。卡莱尔的图利别墅博物馆（Tullie House Museum）在其历史展厅中有许多低技术的动手型展品，但在其媒体推广宣传中并没有强调这些。1996年，博物馆在新制的宣传册里放了一张照片，展示了博物馆里孩子们在摹拓7世纪的复制石制品，这一宣传带来了空前的46%的门票收入增长。[43]这说明动手型博物馆应注意营销组合的第六个"P"——有形展示，换句话说，必须确保提供的服务是实实在在的。博物馆宣传册的照片里活跃的孩子们，可以强有力地向观众说明动手型博物馆和传统博物馆的不同。

教育市场需要特别的关注。可以想办法购买首辐射区内所有学校的邮件列表以及区分不同种类学校的列表（如特殊学校、小学和初中）。不过，大多数教育当局都有一个内部的邮件系统，能通过这个平台为非营利机构提供教育资源。有一些教育机构会收取一定的费用，但是即便如此这似乎仍比直接购买邮件更加实惠。然而，推送的教育资源必须都是与众不同而且强调其教育价值的，这才有可能在每周一推的内部邮件里凸显出来。如果广告投递得不合适，很可能就被扔进了垃圾箱。如果博物馆想要吸引回头客，那么就有必要在学校时事通讯栏和新展览的定期通知里做宣传。

购买邮箱清单进行广撒网的推送从来都不是一个经济实惠的做法，这是因为涉及面太广。不过，直接把邮件发送到已参观过博物馆的学校和其他组织是比较可行的，并且还有可能从邮件系统里搜寻出命名为教师的个体，这样更有针对性。此外，向博物馆会员或者那些在博物馆办过生日派对的人投放广告，能更好地锁定潜在的回头客。

总之，动手型博物馆可用的市场推广渠道是多种多样的。许多动手型博物馆如今运用互联网作为营销工具，而且这似乎变得越来越重要。如果动手型博物馆想在虚拟世界里从所有现存的博物馆中脱颖而出，那么设立互动网页是必需的。不论什么媒介，有效的推广需要时间和资源的投入，也需要熟练的管理技巧。在报纸上或广播里插一段广告很简单，但这都非常昂贵。创新营销管理能够确保动手型博物馆在竞争日渐激烈的休闲市场里凸显出来。促销成功的关键在于拥有明确的市场目标，锁定广大的且有参观意愿的目标群体，了解媒体的运作和时效性，通过有效且可靠的市场调研来监控每个推广方式和公共关系。

第五章　市　场

结　论

　　市场营销对动手型博物馆来说非常关键。动手型博物馆的市场、产品开发、人力资源管理、运营管理、教育和活动规划之间关系紧密。因此，市场决策是所有管理决策中的主要环节，有效的市场营销能够帮助机构实现教育目的。成功的市场营销需要对目标观众需求进行有效的辨别以及要有以客户为本的服务意识，并且预算要控制在能力范围之内。掌握市场营销组合，如价格和促销等工具，能够向潜在观众传递关于动手型博物馆和科技中心的重要信息。不过，大多数参观的人都是从朋友和家庭成员那里获取相应信息的。这是由于有效的市场规划需要贯穿以观众为导向的文化，以确保观众体验能满足他们的期待。因此，在竞争过度激烈的休闲市场里，任何旅游景点的持续成功根本上取决于给观众提供优质的服务，这便需要有效的运营和人力资源管理。

注　释

　　1 A. Palmer, *Principles of Service Marketing*, Maidenhead: McGraw Hill, 1994, p. 23.

　　2 M. McDonald, *Marketing Plans: how to prepare them, how to use them*, Oxford: Butterworth-Heinemann, 3rd edition, 1995.

　　3 F. McLean, Marketing the Museum, London: Routledge, 1997; E. Hill, C. O'Sullivan and T. O'Sullivan, *Creative Arts Marketing*, Oxford: Butterworth-Heinemann, 1995; A. Palmer, op. cit. ; S. Runyard, *The Museum Marketing Handbook*, London: HMSO, 1994; P. Kotler, *Marketing Management*, New Jersey: Prentice Hall, 8th edition, 1994.

　　4 S. Davies, *By Popular Demand: a strategic analysis of the market potential for museums and galleries in the UK*, London: Museums and Galleries Commission, 1994, pp. 76-80.

　　5 Ibid. , p. 55.

　　6 M. Hanna, *Sightseeing in the UK 1995*, London: BTA/ETB Research Services, 1996, p. 39.

7 For a full investigation of the museum visitor market in the UK, the reader is advised to consult S. Davies, op. cit.

8 Office of Population, Census and Surveys, *Social Focus on Children*, London: HMSO, 1994, p. 7.

9 CACILtd, *The Geodemographic Pocket Book 1994*, Henley: NTC Publications, p. 8.

10 OPCS, op. cit.

11 Mintel, *Leisure Time 1995*, quoted in C. Gratton, 'Time out', *Leisure Management*, Oct. 1995, pp. 24-5.

12 Hilton Hotels and Resorts, *Time Values Study*, 1991, quoted in T. Silberberg and G. D. Lord, 'Increased self-generated revenue: children's museums at the forefront of entrepreneurship into the next century', *Hand to Hand*, 7, 2, 1993, pp. 1-5.

13 Leisure Consultants, *Leisure Forecasts*, *1996-2000: Vol. 2, leisure away from home*, Sudbury: Leisure Consultants, 1996, p. 46.

14 S. Davies, op. cit., p. 56; Department of National Heritage, *People Taking Part*, London: DNH, 1996, p. 7.

15 S. Davies, op. cit., p. 58.

16 Ibid., p. 38.

17 DNH, op. cit., p. 7.

18 Office of Population, Census and Surveys, *Day Visits in Great Britain 1991/2*, London: HMSO, 1992.

19 Office of Population, Census and Surveys, *Leisure Day Visits in Great Britain 1988/9*, London: HMSO, 1991, in 'Attendances at museums and galleries', Policy Studies Institute, *Cultural Trends*, 12, 1991, p. 73.

20 S. Davies, op. cit., p. 55.

21 V. Cave, 'Preliminary findings of the Eureka! visitor survey', in A. Hesketh, 'Eureka! The Museum for Children: visitor orientation and behaviour', unpublished dissertation, University of Birmingham: Ironbridge Institute, 1993, Appendix C.

22 K. M. Reeves, 'A study of the educational value and effectiveness of child-centred interactive exhibits for children in family groups', unpublished dissertation, University of Birmingham: Ironbridge Institute, 1993, p. 16.

23 S. Davies, op. cit., p. 54.

24 OPCS, 1992, op. cit.

25 Ibid.

26 English Tourist Board, 1993 *Annual Report*, London: English Tourist

Board, 1994.

27 M. Hanna, op. cit. , p. 39.

28 Overnight visitor figures supplied by Yorkshire Tourist Board, Feb. 1997.

29 V. Cave, loc. cit. ; M. Hanna, op. cit. ; OPCS, 1992, op. cit.

30 Derived from postcode data supplied by Techniquest. The postcodes of 20 per cent of visitors were recorded from July to October 1996.

31 M. Hanna, op. cit. , p. 43.

32 Ibid.

33 Ibid.

34 T. Silberberg and G. D. Lord, loc. cit.

35 Ibid. , p. 2.

36 V. Cave, loc. cit.

37 Interview with Nancy Kolb, Director, Please Touch Museum, 5. 11. 91.

38 J. Saker and G. Smith, 'Marketing', a series of four articles in *Leisure Opportunities*, 115-19, Sept. -Dec. 1993.

39 M. Hanna, op. cit. , p. 45.

40 P. Kotler, op. cit. , p. 373.

41 S. Freeman, 'Causing a promotion', *Museums Journal*, March 1997, pp. 28-9.

42 M. Hanna, op. cit. , p. 45.

43 N. Winterbotham, 'Digital cognition—(thinking with our fingers)', unpublished paper in 'Hands-on … and pulling them in?' session at 1996 Museums Association Conference in Harrogate.

第六章
运营管理

本章详细介绍了以观众为导向的互动型探索中心成功运营的关键要素。

导　论

第二章表明,任何个人的博物馆体验,其质量是由个人、社会和物理条件等因素相互作用决定的。虽然不是所有因素都在博物馆的管控范围内,但是博物馆要尽可能持续保持高标准服务状态,用以最大限度地满足每位观众参观体验时的期望。非常重要的一点是朋友和家人的口口相传是促成公众访问的重要因素。麻烦的是每天、每周或者每年到馆观众数都不一样。这意味着很难统筹规划资源和活动,从而来确保实现标准化服务。工作人员太多会导致效率低下,资源浪费;而工作人员太少又难以实现教育目标,并且增加了展品损坏的风险。简言之,运行决策与财务、营销、人力资源管理和教育规划是密不可分的。

观众容量管理

休闲产业的激烈竞争在本书中已多次提及,第一章和第四章已经说明了一些动手型博物馆和科学中心近年来一直遭受观众不断下降的困扰,即使整体的需求趋势是在增加的。通过有效的营销手段吸引更多的观众是目前大多数中心的主要关注点，特别是在非高峰时间吸引更多的观众。大多数管理者希望在一年中的每一天的观众量都是稳定的，然而实际上，观众会聚集在一天中的高峰期时刻以及一年中某些高峰期日子前来。事实上，强调动手参与的运动在英国博物馆界非常成功，1995年许多科学中心经常达到满员，至少有三个动手型博物馆或科学中心满负荷运转20多天。[1]总之，在1995年，英国5％的旅游景点至少有20天达到满负荷运行，23％的旅游景点满负荷运行至少一天。大多数科学中心都没有出现过观众量超出实际容量的时候，这似乎是一个较为理想的状况，但是进行观众数量管理是有必要的，原因如下。

1. 满足消防和其他安全要求。
2. 提供足够的观众舒适度。
3. 确保家庭与教育团体的博物馆体验质量。
4. 避免由于中心满员和排队长龙导致观众失望。

操作人员可以在固定的时间和固定的容量（如科普影院）下通过弹性票价来调节观众数量，在火爆的时刻抬高门票价格，在萧条时降低价格。对于旅游景点来说灵活地使用价格去管理流量却并不可行，他们多数都不设置灵活的票价机制，他们更愿意在很长一段时间内使用固定的价格，这样也好宣传。即使这些景点在一年中会有一天或者多天达到满员，但是大部分时间都是未被充分利用的，简单地提高价格用于减少高峰期的流量可能会对需求造成不利的影响。

设置容量限制

任何展览空间的物理承载能力最终是由当地的消防局决定的，消防局会在建筑物上强制实行安全限制以确保在紧急情况下可以迅速安全撤离。其他的限制条件也起一定作用，如地板的负载能力。此外，观众的舒适度，包括参观展品时不需要排队也限制了展厅的容量，当然这些条件都会在消防安全的限制内容易达到。每个展览根据紧急出口、建筑材料和展品的数量和类型等因素，空间会有很大的不同，很难有统一的大小定论。据笔者对众多动手型景点参观的经验，一般空间容量标准是每两平方米的展览面积容纳一个人。

在1992—1993年，消防局给出的尤里卡儿童博物馆的承载人数是1750人，不过经验显示在这个容量下观众的舒适度被大大地降低了。1993年，尤里卡儿童博物馆平均每天有1118名观众，不过这个平均值掩盖了每周以及一年中不同时刻观众数的变化（例如，对于所有景点来说，观众都倾向于在周末到访[2]）。周末的时候尤里卡儿童博物馆全天一般约有1500名观众，这个数量不会使展厅太拥挤，而且还能使气氛活跃，也不需要排很长的队进入博物馆参观展品或者购买咖啡。尤里卡儿童博物馆一天中能够接待4000名观众并且不超过安全限度，但是如此高负荷运作会导致展品出现操作问题，因此观众体验的质量也不可避免地会受到影响。

博物馆需要着重考虑的一点是，它必须能够准确地获知在任一时间内馆中有多少人。准确地做到这一点意味着不仅要计算进入的人数，也需要在人们离开展馆时进行计数。如果有多个出口，会导致计数变得复杂，并且如果安装多个旋转门也很昂贵。然而，有精确的计数机制（非人工）能够在任一时间向运营经理报告馆中人数是非常必要的。

时间控制

当动手型中心满员时，便要开始以下两个方面的管理。

1. 管理展览馆内的观众。
2. 管理馆外的排队队伍。

运营经理必须确保展厅内的付费参观者获得最高的服务体验，同时也需要让观众不要对某个展品逗留太久，确保外面排队的人也能不断流动起来。当展览中心满员时，只有当有观众离开时，才能有新的观众进入。要想更好地控制客流量，就只有使等待的访客有专用座椅。在一个骑行主题展中，如在约维克维京中心（Jorvik Viking Centre），观众流量主要由马车的容量和行程进度决定，而在电影院，观众流量由座位数和电影长度决定。显然动手型中心没有固定座椅，所以不能通过这种方式控制流量，因此只能在高峰期的时候引入时间控制措施。一系列旅游景点的经验表明，通常 20%～25% 的观众是在高峰时间到达。伦敦科学博物馆的发射台展厅是这样做的：在繁忙时期，观众需领取一张有编号的票（支付门票费后，此排号编码票免费），只有叫到号时才能进馆参观。实际上，这个系统确立了博物馆先来后到的服务秩序，缓解了一天中高峰时期的拥挤（观众在等待的同时可参观博物馆其他的东西）。这个方式使得伦敦科学博物馆控制住了发射台展厅每次进馆参观的人数，但是在外面排队的队伍长度则不需要控制。在巴黎维莱特科学城创新馆展厅里，规定每一批参观的观众只能在馆内逗留最多两小时，每批次间有个间歇时间，这段时间保证博物馆人员能够打扫整理博物馆。伦敦科学博物馆带编号的票需要预订（不过维莱特科学城创新馆展厅的票是额外收费的）。

在尤里卡儿童博物馆，高峰期时规定观众最长参观时间为 3 小时。1992—1993 年，博物馆给每位到馆的观众手上盖上一个卡通的印戳，每隔 30 分更换一下印章的图像。3 小时后，博物馆通过公共广播通知盖有某一种图案的观众需要出来了。例如，通知手上印有兔子或者恐龙的观众前往咖啡馆、商店或者出口。这种方式与游泳池中使用不同彩色的手环区分顾客类似。

3 小时的限制是基于一系列的原因决定的：博物馆的教育目标、为观众提供物有所值的服务都是重要的决定因素。然而，这显然是与为了经济目的而要达到一定观众量是相左的。在知识量如此密集的学习环境下，儿童在体验展品获取知识时大脑容易变得疲惫，而且疲劳的观众更容易对展品造成损坏，这也是一个非常重要的因素。然而英国景点一般没有时间限制，许多到尤里卡儿童博物馆的观众都希望能够在博物馆中度过一整天。在观众众多的繁忙时期，博物馆为了保持自己的声誉，便要向每位观众解释进行时间限制的原因。因此，尤里卡儿童博物馆在推销材料上以及观众进入展览之前，会很谨慎地告知观众在高峰繁忙时期参观时间可能会被限制在 3 小时以内。

排队事宜管理

由于几乎每个人都不喜欢排队，因此运营经理的职责之一是尽可能地有效管理观众排队，以便观众在体验时获得最大性价比。理论界有许多关于排队的数学理论和心理学的研究。例如，关于增办服务窗口的效果研究，以及通过人群类别区分来改变排队规则带来的效果等。[3]总归要在成本和队伍长度之间进行权衡。在加迪夫科学博物馆，当队伍排到馆外面时，就开始启用额外的柜台，从而确保观众等待时间不超过30分，即使在非常繁忙的时间也不例外。[4]添加额外的服务窗口减少了排队长度，但也提高了成本。但是当整个馆内满员的时候，就算加快进入场馆的速度也没有任何意义了。

尤里卡儿童博物馆经常会出现满员的情况和排得等不到头的队伍。考虑到不能超过建筑物的承载能力，这时候安全问题就至关重要了。在高峰期，每小时会有800～1000名观众（占每日4000位观众的20%～25%）到馆，博物馆在开门两小时后就会达到满员。大部分观众会在馆内停留3小时（在1993年的访问者调查中显示观众平均的停留时间，包括在咖啡馆和商店逗留的时间，一共是3小时40分[5]），所以至少会有一小时几乎没有观众离开，而博物馆的容量会达到最高负荷。此时，外面排队的人群几乎移动不了。虽然不要让远道而来的观众感到失望是很重要的事情，但是首先还是要保障已付费进去参观的观众的体验质量。同样，也不要让正在排队的观众失去兴趣转而去别的景点，但是一旦队伍排队管理不善，就可能会让观众失望（尤其是在天气不好的时候）。

通常大多数排队采取先来先服务的规则操作，但是对于某些特定的观众也要给予一定的优先级。尤里卡儿童博物馆允许有残疾人的家庭先进去，但是这样做有时候会遭到来自其他家庭的投诉。减少排队不确定性的另一种方法是引入门票预定系统，这个系统可以有效地让观众避免早早地就来提前排队（如果早早地开始排队，买票速度又很慢的话，观众抱怨度会更高）。预定系统对于小型团体观众来说并不一定可行，在繁忙的时候，当预定了票的团体到达博物馆直接取票进馆的时候，会引起正在排队的观众极大的不满。出于这些原因，1992—1993年尤里卡儿童博物馆规定在高峰时段不接受团体预定，并且在节假日和周末预订票也有限制。

最终，排队管理的关键问题不在于等待时间这个数学层面上，而在于观众对排队的感受。例如，主题公园通过注重排队的进展速度而不是队伍的长度来使得观众体验得到改善。

所有的服务台所有的服务型接触（service encounter）会面临两个主要问题，这两大问题影响着观众排队的感受以及观众的体验和博物馆的管理方式。第一，顾客若感到满意必是服务质量超出了他预期的水平，而一个失望和不满意的顾客通常是觉得接受的服务低于预期水平。关键是，观众感觉到的服务水平其实是一种心理现象，如何管理排队观众的心理感受和期待，会影响观众的体验。第二，如果观众对第一次体验产生了坏的印象，那么就很难再吸引其过来了。因此可以说，一次博物馆参观的成败取决于首次服务型接触。例如，如果在观众到达时能得到热情的欢迎，他们将会很开心，如果面对的是一个气势汹汹而且面色阴沉的服务员，观众也难有好心情。这是对于顾客基本的关怀，但它强调了有必要投入时间、金钱和精力，做好观众的第一印象服务，这就是所谓的排队管理。

因此，运营经理必须对排队心理学有所了解，这里面涉及了一系列的问题。[6]由于空闲时比繁忙时更容易感到时间的漫长，因此需要提供一些娱乐活动来分散排队中观众的注意力，比如让他们做点什么事或者提供一些茶点给观众。在尤里卡儿童博物馆繁忙的日子里，博物馆会给儿童提供一些娱乐活动，如鼓励他们参加一些球类比赛、杂耍活动和跳伞游戏等，博物馆还可以提供如街头卖艺和小丑表演等一些娱乐活动，工作人员也可以沿着队伍时不时售卖茶点。博物馆一定要注意为观众提供舒适、安全以及干燥的等待环境，以及可以方便进出的洗手间。1992—1993年冬季，尤里卡儿童博物馆提供了一个临时的罩棚用以为排队的观众遮风挡雨。第二章与第三章强调了观众导向的重要性，排队时提供了一个很好的机会来开展这个过程，例如，解释中心的目标或成年人在儿童学习的过程中可以发挥的作用提示等。这将有助于减少潜在观众的失望，使得观众在买票前能有一个适当的心理预期。

焦虑与不确定性情绪会使得排队的心理感受变坏，使等待看起来比已知的有限时间更加漫长，所以很多景点会提示预计的等待时间。尤里卡儿童博物馆安排值班经理经常沿着排队队伍走动，向观众们解释当前的情况并为观众们打气。如果不告诉观众这些信息，观众会感到烦躁。例如，尤里卡儿童博物馆的观众们经常不明白为什么博物馆建筑会满员以及何时满的，直到展馆关闭。现实是，当建筑达到最大负荷之后，靠加快门票售卖处的流通已无济于事。但是，如果观众不清楚情况，就会抱怨博物馆办事低效。

总之，通过学习研究和了解观众排队等待时的心理状态，运营经理可以对客户的满意度产生重大的影响。明智的解决方案是制定一系列的策略，使得花费在排队上的时间尽可能愉快和高效。

团队预订管理

虽然预定系统对于小型的团队并不是太合适，但是一个高效的预定系统对于大型的团队来说是必不可少的。预订管理的目的是能够维持和保证高水平的服务，同时也可以减少现场排队的人群。实际上，现场排队被从预定时间到预定日期的漫长等待取代了。通过说服人们在非高峰时间前来参观，可以提升展馆的通行能力。因此，预订系统既是操作管理工具，又是营销工具（因为折扣能够鼓励团队在非高峰时期前到达）。

在实际操作中，预订系统可能带来以下操作困难。
1. 门票预订本身提高了观众的期望，从而必须得满足他们的期待。
2. 如果团队未能准时到达，会导致设施闲置以及收入的损失。
3. 如果团队预订的时间太过相近，会造成某一天非常拥挤。

总之，一个成功的预订系统要能够在展馆达到最大容量和预防一些不可预知的危险情况之间保持平衡。一方面，保证最大限度地提高场馆负荷，保证入场，防止过度拥挤；另一方面，要为不可预见的情况留出一些灵活空间。对于预订系统，最基本的要求是能够控制观众的到达时间，从而保证观众能有序地进入博物馆参观。对于学校和其他团体，预订系统能够确保他们在预定时间内进入场馆。运营经理的任务是既要最大限度地接纳观众，又要保证他们获得高品质的教育，从而让学校和其他团体有再次参观的愿望。所有的动手型中心都有一个最佳容量，如果超出这个容量，学习环境的质量将被严重的削弱。这个容量一般都不会超过建筑物的防火容量，但是动手型中心的学习环境部分取决于成人与儿童的比例，以及学校团体的成本预算限制，无疑地，学校团体中的成年人会比家庭团体中少。因此，预订系统必须预测和防止容量超载，并且为想要预定的团队快速有效地提供可选择的日期和时间。

学校团队引发了一个特殊的问题，因为教师希望由他们自己来决定到达和离开的时间，一般学校参观的有效时长为10：00至14：30。通常，一个小学组团（一般两个班组成一车）会在9：00从学校出发，到达博物馆约为10：00，然后会花2小时参观博物馆，接着用一点休息时间进行简单的午餐（最好是在博物馆内）。在进行下午的密集式博物馆参观和课程训练前，最好是有一些时间让孩子们玩耍，最后逛一下博物馆商店就会离开，在15：30回到学校。任何时间安排的变化都会限制学校的选择，这就使得教师不得不重新做计划，准备博物馆结束后的行程，这可能就需要额外的成本（就算一个拥有有效营销策略的动手型中心也无法应对学校一整天的访问，无法为其安排一整天的行程，因此，只能建议他们到附近的免费景点游玩，补充剩下的时间）。

博物馆有必要控制团体观众的抵达与离开时间，从而防止造成博物馆后续参观人数的超负荷。此外，还需要对室内餐饮设施的使用有所规划。团队参观有以下三个基本的处理原则要注意。

首先，交错的到达时间允许观众们可以在整个博物馆设施中自由流动。这可能很难给他们一个统一的离开时间。到达时间错开可以有效地防止门口排队，但这在学校团体中并不受欢迎，对于想要10：00抵达的学校团队，当博物馆给他们规定的到达时间晚于10：00就很麻烦。如果没有固定的离开时间，很可能导致当天博物馆的拥挤，这会严重地削弱观众的教育体验质量。

其次，可以为团体观众提供固定的访问时间段。1992—1993年，尤里卡儿童博物馆将学校日分成三个两小时时段（10：00至12：00；12：00至14：00和14：00至16：00）。另外，学校需要预定某一个展厅区域，在他们参观的第一小时里可以优先使用该区域，并允许他们在第二小时中环顾博物馆。吃饭和购物时间是在预定的时间之外，但在参观两小时后不允许再回到展馆。这个系统确实使得尤里卡儿童博物馆便于控制展馆中的学校团体的观众人数，并且使得非高峰期时段可以打折出售（尤里卡儿童博物馆在暑假之外的夏季下午以半价出售门票）。然而，当教师第一次面对这种预定系统时，这个系统并不是太受欢迎。第一，它与英国设施中的大多数系统非常不同，增加了操作困难。第二，它并不是很灵活。通常，10：00至中午时段最受教师的欢迎，并且一些可预订区域（特别是"我和我的身体"展区）经常比别的区域预定得更多。因此，很多学校不能够如愿以偿地参观那些他们想要参观的区域。该系统的引入保障尽可能多的儿童在合理的成本范围内使用设施，同时也保持了激励的学习环境。尤里卡儿童博物馆进行了一段时间的预定系统试验之后，收到的反馈表明越来越多的教师接受了预定系统，体会到了它的好处。

最后，团体可以在固定时段优先或者独家使用博物馆的某些区域。这种方法的教育意义是显而易见的，但很少有中心（除了最小的那些）能够做到一次只为一个团体服务，这不符合经济效益，即使是短暂的时段也很难做到。这毫无疑问可以防止因年龄和兴趣的不同而产生的冲突，但对大多数中心来说在经济效益上是不可行的。在提供独家使用服务的时候也必须小心他们的设施是否也向其他公众开放。虽然大部分中心在学校日时很少会有家庭或其他普通观众到来，但是一个区域的独有使用意味着其他的观众无法使用这些设施。曼哈顿儿童博物馆达成了一个有趣的协议：上午的时候留给学校团体，下午的时候留给家庭观众。

所有预定系统都需要有预定措施，以应对团队观众提前到达、迟到或根本未能到达。第一，根据作者的经验，如果给团队安排的到达时间比较靠后并且这个时间跟他们的预期不一样，那团队一般都会忽视这个安排的时间并在上午10：00到达，如果在下雨天，这需要很大的勇气让一个大的团体在外面排队等待。第二，很难做出决定是让按时到达的团队优先进入还是让迟到的团队优先进入。如果系统不是很灵活，为迟到的团队优先安排，这会严重影响到博物馆内的其他团队。虽然每个中心一定有自己规定的操作方式，但运营经理每次还是需要与团队的领导沟通从而使双方达成妥协。

如果团队中并不是所有的人都能来，这将导致本该可以出售给别的观众的门票被占用。一个解决办法是预定状态一直处于临时状态，除非支付了定金或者支付全部的费用。未能支付定金的预定将被取消并将空出的资源重新分配。这样的系统有其运营的优势，但是会再次造成不受教师的待见，因为很多时候教师很难在第一时刻从出游学生的父母那收齐要支付的费用。

另外一个问题是，那些预先支付了的团体实际到达的人数并不是他们预测的人数（比如，由于生病未能到达的），这时他们要求退款。这就需要有好的措施来应对这样的纠纷。如果没有相关的退款政策，这可能导致教师需要自行退现金给未能来馆的学生的父母，这必将导致博物馆的商誉受损。就算采取下次来参观可以免费的政策，但这对于路途遥远的团体来说可能并没有什么价值。

以上讨论主要涉及学期内的学校预定，而在周末或者因为各地区规定的学期和放假时间不一的团体预定会带来额外的复杂性。如果博物馆的观众覆盖面积是区域性的而非仅仅本地，那么就不可避免地会有学期时间不一样的团体来参观。因此，某一天可能是某个地方当局的学校日，但展馆内也可能充满了来自其他地方的家庭（随后导致想要向两类用户都提供优质服务便出现操作困难)。在早期的尤里卡儿童博物馆，这是一个相当大的问题。解决方案是研究出所有地方的节假日并保证90分的参观时间，以及提前将一年12个月中的每一天分为如下三个阶段。

1. 学校日(每个地方的学校日)。
2. 热门假期(每个地方的假期)。
3. 周末以及非热门时期(某些地方的假期)。

员工资源、学校和家庭团体的参观规划，以及团体能够预订的能力都要根据不同的情况适时调整。一般来说，博物馆在假期高峰时段都不允许团队预订，因为在高峰期排很长的队，若是给预定的团体以优先待遇，势必会引起其他观众的不满。在周末或非高峰假期，团体预定不再受限(但没有区域使用等任何的优先权)。博物馆的这项政策并不受诸如幼童团体(brownies and cubs)等非学校团体领队的欢迎。

确定了要引入的预订系统的性质和需求之后，就需要决定是否使用计算机程序，如果使用的话，就涉及是购买现有的软件还是定制一套程序。人工系统建立和运行起来明显相对便宜，但易于发生人工错误并且只有一个预定点。所有大型展览设施都可能想要引入一个网络化的预订设备，这样可以实现多点预约，还可以使用智能化市场功能，如报告撰写。

预订系统

网上预约系统能够让博物馆：

1. 将博物馆空余的未预订的时间段以及其他的可用设施(如野餐空间、教室、教育工作坊)可视化显示，方便预订人选择。

2. 尽可能地缩短预约过程所需的时间。这是因为传统上，大部分教师喜欢利用休息和午餐时间通过电话预约(这会出现许多教师同时打来电话预约的情况，会造成预约服务的工作人员忙不过来)。

3. 系统尽量做到简洁、人性化。因此使用者不需要过多的培训就能学会如何使用这个系统。

4. 能够自动计算价格，并自动地生成账单和包含清晰的详细预约信息的确认函。

5. 对于未来需求、扩张和价格变动保持灵活性。

6. 提供预约咨询号码，这样对于未来可能出现的问题咨询能快速地解决。

7. 生成可以体现市场走势和未来经营决策的报告。

相对于人工系统来说，网上预约系统最大的优势便是能够立即生成团队观众数据或者目标观众数据的报告，例如，一段时间内的观众数量，或者通过当地的人口数预测的潜在观众数。网上预约需要将进入预定系统的时间尽量缩短，同时也有机会收集大量的额外信息，从这些额外信息能获知教育市场的情况，例如，被带来博物馆的儿童的年龄、主要学习的课程或者出行的交通方式。因此，博物馆教育部门主管和市场销售主管便要信息共享，达成一致，按优先顺序收集和利用这些信息。

午餐时间管理

午餐时间段学校团体的管理是博物馆和科技中心规划中最容易忽视的地方。除了个别例外（如伦敦自然博物馆教育中心）几乎都会被动手型博物馆与科学中心的设计者忽视，但是如果观众参观时间超过两个小时，这便是一个必要的需求。即使在夏季，也不能指望教师带着孩子们在户外吃饭，而大巴车司机自然也不喜欢学校团体在车上吃饭。对希望在博物馆待上一整天的学校团体来说，要为他们所有人准备盒装午餐（早上和下午来的观众，以及待一整天的观众，都想要有吃饭的地方）是一件麻烦的事，这给动手型博物馆和科学中心带来了大量的后勤问题，而员工也需要休息，没这么多时间准备午饭。像尤里卡儿童博物馆每天有三个不同的时间段给学校团体，每个时间段内10个班级，每个班级有30名儿童，这要求尤里卡儿童博物馆每天要提供900个盒装午餐吃饭的位置！午餐时教育空间很少能够用到（整个午餐时间包括清洁打扫一般要占用2小时），同时可想而知咖啡馆经营者很不情愿学校团体占据他们的空间，因为这原本是可以向其他顾客收费的。尤里卡儿童博物馆、加迪夫科学博物馆和国家铁路博物馆的"魔法师之路"展厅都在午餐时间为学校团体提供一节火车厢来让他们吃饭。还有些选择（学校可能不感兴趣）便是让学校团体从咖啡馆购买午餐，另一个方法是提供额外的用餐设施，并配备人员单独打扫，这自然便要额外收费。

事实上，野餐设施很难用作其他用途，不管是用作教育空间还是餐厅都很困难，学校不会或者不愿意用额外的钱来支付运营这样一块空间的费用，也不愿意购买打包的午餐。

故障管理

在动手型中心中，收到的最多的抱怨莫过于展品是坏的了。常见的规律是观众会夸大事实来抱怨，如果5％的展品损坏，那么观众将抱怨"一半的展品是坏的"，如果10％的展品不能运转，他们会抱怨"没有一件是完好的"。在尤里卡儿童博物馆，1992—1993年每天每个展品在运营前都要由展品解说员进行巡视检查，同时他们要确保易耗品要有足够的合适的库存。整个运营过程中，设备故障都要由展品解说员报告给前台，随后采取合适的修补行动。每周都要彻底检查展品的运转情况，包括标准的图表及其他普通的配件都要仔细地检查。例行检查能保障运营管理者每周能即时知晓展品损坏率，及时维修，并且了解哪些展品需要报废。因此，博物馆能够对损坏展品量进行量化分析，从而应对观众对损坏展品的抱怨，同时还可以通过观察和收集哪些展品容易受损，对以后的展品开发给予指导。

加迪夫科学博物馆采取了一个类似的政策，在此基础上更进一步：在接待处放置一个展板，上面详细说明任一时刻展品的损坏率，并且给出当天博物馆主要值班员工的姓名。这个简单的展板向观众传达了加迪夫科学博物馆是一个随时监测其性能的机构。

动手型中心的运营管理者面对的一个最大挑战是识别出什么原因使得展品不能正常工作。这看似是一个容易解决的问题，但这仅限于机械或电气方面出了问题,往往更麻烦的是展品在技术上是能工作的,但是在智力角度,或者说应发挥的教育作用角度却坏了。换句话说,如果展品对目标观众来说不运转,那么不管是什么原因,这对于观众而言就是出故障了。此外,如果观众不能迅速理解他们应该如何操作展品,则更容易损坏展品。正如第二章强调的,如果一个展品因为任何一个原因不能运转,中心必须承担责任——设计这样太过复杂而不可靠的展品的设计人员就难辞其咎。这就要求展品设计者、展品解说员和展品制作人员保持良好的协作关系。在展品开发阶段,对设计的展品模型进行形成性评估非常重要,它可以在早期阶段避免一些不必要的失误,如在结构设计和图表阐析方面根除很多问题。

如果一个观众抱怨展品是损坏的,那么工作人员过去向观众展示展品事实上没坏,只是他们的操作方法不对,这种做法是不可取的。这是个使用新技术时常常发生的问题:在计算机展品中,观众若不能理解展品设计者预期的目标,可能会使他们感到失败,但事实上是展品设计得不好而导致他们的失败。这对于一个不熟练使用新技术的观众来说会潜在导致他们士气低落,并且还可能会对他们未来接触科学造成阻碍。这样一来,一个意在使公众接触新技术的展品却恰恰起到了反作用。简言之,设计一个对于多层次的群体都能理解的展品是一项非常复杂的任务,但这也是考察一项展品是否运转良好的重要因素。这里没有其他可替代的有效评价。

每一个动手型中心都想开发出永远损坏不了的展品,也希望能在几分钟内修复任何有故障的展品,但是这都是不现实的。一般地,在观众较少的时候,大多数科学中心技术员工可以较好地把控展品维修和解决技术故障,而且收到的观众的抱怨也会很少。但是,在观众川流不息的时候,故障和紧随而来的抱怨通常会随着观众人数的增加而增加。试想,一个家庭排了两小时的队,进去看到的一些展品却是坏的,无疑他们会非常容易感到失望。尤其是某件展品很有名,进去却发现它坏了的时候,对观众情绪的影响会更严重,因为往往是几件镇馆之宝决定着公众对一个展馆的印象。每一个动手型中心的运营管理者都应该知道什么样的故障率临界点会使观众情绪崩溃，并随后产生抱怨。类似地，他们也要知道是哪些展品决定着观众的体验和认知。

当某一个展品被报告是损坏的，那么博物馆就应该立刻登记并进行检查。有必要在运营中心设置故障报告处，这个中心可能与信息中心联通，随时记录所有的故障和观众的抱怨。如果是由某一个观众报告了某处故障，最好是让那位观众向工作人员详细地指出坏在哪里。这样一来，如果所谓的故障只是解说不到位引起的错误操作，那么就可以减轻观众的误解。一名好的展品解说员随后便要向展品解说团队说明这个问题。如果展品是机械故障，那么就要采取以下多个行动。

1. 这个展品是否安全？如果不是，是否可以通过围栏或关闭走廊来阻止观众进入？是否应当切断展览的电源？

2. 如果展品是安全的，但是不运转，首先应当相应地贴上标示。即便观众发现一个展品损坏的标示会感到失望，但是发现一个损坏展品却没有进行标示则将更沮丧。这是因为观众以为是自己操作失败，但事实上却是展品本身已经损坏了。

3. 运营管理者随后要决定哪个展览需要优先维修，这取决于这个展品是否是核心展品，是否对于某个工作坊必不可缺，以及是否能及时找到相应的维修人员。

4. 展品是否可以在原地进行维修？许多展品固定在展厅的地上或者墙上，移动起来很困难。其实，如果展厅是开放式的，那就很可能进行就地维修：当场维修展品还是一项额外的有意思的教育展呢！（即使代价是要把展品想办法抬起来）。笔者多次装满或者修理尤里卡儿童博物馆的银行场景展的自动取款机，这项工作通常都是在一群睁大眼睛的孩子眼前进行的，他们惊讶地看着如此多的钱币！机械的神秘世界以及它们如何运转使得我们中大多数好奇的孩子感到着迷。出于安全的原因，必须要用临时的栅栏防止孩子过于接近展品，技术人员必须要注意如果他们要临时离开修理现场，千万不要留下维修工具或者梯子，否则这让孩子们拿到手里会产生巨大的安全隐患。

5. 如果展品必须要移走才能维修，是否有备用的复制品或其他的展品能作为暂时的替代品呢？在理想情况下，每一个动手型展厅都应该有复制的备用展品。现实情况是，这是不可能的，但是保存一些常用的维修零件却是可以办到的。如第二章所指出的，不管可不可能，动手型中心应该使通用零件标准化（如泵、轴承和发动机），并且尽量使用那些在当地范围内容易买到的零件。如果一个展品由于零部件必须从国外运来而不能及时维修，那也是很无奈的。标准化部件的使用和好的维修方式的选取是动手型展品的设计中必须要考虑的元素。

投诉管理

即使是非常受欢迎且高效运转的动手型中心，有时也会收到投诉。如果这个中心在乎观众的意见并且希望有回头客，那么就自然要重视观众的意见，因此要给观众提出建议和进行投诉提供便利条件，而且要保证观众的意见和投诉快速且有效地得到反映。当然，如果以为投诉和建议系统能够完整地表现出观众是否满意的整体图景，那也是不对的。美国的一项消费者行为研究显示25％的客户对于其购买的东西不满意，但却只有5％的人会去抱怨或投诉。[7]这并不是说美国消费者购买商品的抱怨倾向的研究结果能直接适用于英国旅游景点的情况，但是事实依旧是大多数人会感觉他们的投诉一般不会被重视，甚至他们会被认为很愚蠢或者得不到任何反馈。简言之，投诉水平并不能检测消费者的满意程度，投诉的监测并不能替代观众调查数据。

大多数投诉的观众会简单地做出不会再去的决定，或者很少再去。此外，美国消费者调查还显示一个满意的消费者会将其满意的商品或体验告诉周围的3个人，但是一个不满意的消费者会将这不满意的体验传递给11个人！关于产品是好或是坏的口碑，传播给他们的速度都是呈指数增长的。此外，那些现在最不满意的消费者通常是那些之前感觉最好的消费者，而那些投诉能及时地得到重视和解决的人，后来往往成为最忠实的消费者。[8]

建立有效的投诉程序可以使观众的投诉过程变得简单清晰。例如，在中心设置明显指示牌，指示投诉接待桌的位置（通常是观众问讯处），同时要设计标准的投诉形式和详细的沟通渠道，由不同的员工采取不同的反馈行动。员工应当迅速地成功地解决问题。研究表明一个企业对投诉应对的速度越快，提供的补偿越高，获得的满意度越高。[9]

再者需要提出合适的补偿政策。例如，是否退还本次参观的门票钱或者提供下次参观免费的门票（这样一来，或许还能促进顾客未来在咖啡馆和商店消费）？在什么条件下能退还门票费？如果确定是中心的过失，那么相应地可能有必要对观众的交通费和其他成本给予一些补贴。如果是涉及学校或其他团体参观，发生这种情况的话，那么交通和其他方面的费用补贴就可能远远大于门票费了。

投诉管理的最后一步是发现和修复系统故障，这是个基础性的问题。正如第三章强调的，除了要使观众投诉方便之外，还需要开展定期的观众调查来确定观众满意度并且获得提升建议。在满意度调查中，询问观众是否愿将本中心推荐给朋友来参观，是一个测度观众满意度的好指标。另一个方式是进行"神秘顾客"评估：招募一个员工都不认识的神秘评估人来参观中心，填写标准化的问卷来评价这次参观体验。

此外，一个好的管理者要定期地在中心参观走动，亲身体验展品并且和员工以及观众进行交谈。尤里卡儿童博物馆的办公室的位置设置就是为了促进员工在展厅多走动的，只有穿过展览区才能到达自己的办公桌。一个活跃在展览区的管理者不仅对导致观众投诉的系统故障更加明晰，而且更容易受到员工的尊重和信任，从而在自己的岗位上更能发现任何潜在的人力资源管理问题。

结　论

　　动手型中心建立一套行之有效的运营管理方法是为了持续地保持高质量的服务，从而达成其教育目标，又要确保服务标准需保持在机构能承受的经济和其他资源能力范围内。因为口碑对旅游景点来说是非常重要的宣传方式，所以服务的一致性对于动手型博物馆或科技中心的有效管理至关重要。这要求对于每个观众而言他的用户体验是不变的，不管是在繁忙的银行假日(在英国指法定假日)的高峰时期，还是在12月星期五下午关门前的一小时都得保持服务质量。事实上，这两个极端条件是事故更易发生的时间段。前者，资源被利用到达临界值的程度：场地设备满负荷运营，这时候动手型展品最容易出故障，这也是接到投诉最多的时候。相反地，在较为不繁忙的时刻，这是缩减人员和其他资源的好时机，在这些情况下提供综合的旅游服务是困难的。员工是任何服务提供中至关重要的部分。考虑到动手型学习过程中人力因素的重要性以及训练有素的员工解决任何运营问题的能力，高标准的人力资源管理对于有效的管理动手型博物馆或科学中心是必要的。这将在下一章中详细讨论。

注　释

　　1 M. Hanna, *Sightseeing in the UK*, London: BTA/ETB Research Services, 1996, pp. 25, 42. A similar number of hands-on attractions reached maximum capacity in 1992. M. Hanna, *Sightseeing in the UK*, London: BTA/ETB Research Services, 1993, pp. 24, 41-2.

　　2 Office of Population, Census and Surveys, *Day Visits in Great Britain 1991/2*, London: HMSO, 1992.

　　3 D. Maister, 'The psychology of waiting lines', in C. H. Lovelock, *Managing Services, Marketing Operations and Human Resources*, New Jersey: Prentice Hall, 1988, pp. 176-84.

　　4 Interview with Colin Johnson, Deputy Director, Techniquest, 30.10.96.

　　5 V. Cave, 'Preliminary findings of the Eureka! visitor survey', in A. Hesketh,

'Eureka! The Museum for Children: visitor orientation and behaviour', unpublished dissertation, University of Birmingham: Ironbridge Institute, 1993, Appendix C.

6 D. Maister, loc. cit.

7 P. Kotler, *Marketing Management*, New Jersey: Prentice Hall, 1994, 8th edition, p. 479.

8 Ibid.

9 Ibid.

第七章
人力资源管理

101　本章研究互动中心在人力资源管理，尤其是在前台人员和志愿者管理方面的优秀实践。

导　论

对动手型博物馆与科学中心的管理技能要求事实上与其他观众中心的管理类似。正式员工覆盖主要的管理职能，包括门票的管理、运营管理、人力资源管理、市场与商业拓展、教育项目与活动管理。对于互动型博物馆人力管理来说，首先是要有完善的招聘和人才挑选机制，其次是要有公平的竞争机会，最后是要有培训和提升途径。这对避免职业疲劳和职业厌倦是非常重要的。志愿者也是动手型博物馆重要的人力组成部分，若想这部分人力能被恰当和高效果的运用，也要求有合理的管理策略和规划。许多博物馆——尤其是美国的博物馆以无私利的眼光看待拿薪水的员工和不拿薪水的志愿者，用开发的一些创造性项目来招募和培训员工，给他们获得培训提高的机会，这还可以弥补他们在社会上由于不公平而获取不到的教育资源，一举两得。本章则概述英国与美国的动手型博物馆在人力资源管理方面好的做法。

动手型博物馆人际互动的本质

所有的旅游景点都是要求员工进行系统的服务，这是一种不切实际的构想，因为在员工和观众之间要进行身份切换，保持一致的高标准是困难的。因此，进行人力资源管理的优化以达到服务标准始终如一的目标，对于任何一个旅游景点都是非常重要的。但是动手型博物馆还包含其他特质。

1. 服务的不确定性。观众不知道在动手型中心能期待些什么，因此员工就需要对成人和孩子观众都发挥很好的引导作用。例如，员工可以引导孩子如何在博物馆正确行事，纠正不合理的行为等。

2. 观众的特质。假定主要的观众群体是儿童，而展品的特质会使他们感到很兴奋，他们的行为表现是很难预测的，你永远不知道他们会做出什么样的事，因此员工就要有充分应付各种复杂情况的能力。

3. 体验的特质。大部分的互动中心都是有教育目的的，那么员工就需要在其中发挥中介作用，引导父母帮助自己的孩子从展品中更好的学习，从而强化在博物馆的学习效果。

4. 展品的特质。互动展品必须要制作得非常结实耐用，因为它们会经受孩子们无数次地把玩甚至滥用。然而，就算是制作再精良的展品有时也会坏掉，因此互动中心需要一些通用的技巧来变戏法一般地进行展品维修，这种维修工作往往就在公共空间里进行，既要保证安全又要对观众来说很有意思。展品维修本身就是很好的教育资源。

对伦敦科学博物馆的新展厅——"物件"展厅的评估研究也发现，儿童观众参观体验的质量是随着与成人的互动而提升的，不管这位成人是父母、教师还是展品解说员，都有这样的效果。在整个研究中，发现有成人与孩子互动的地方，孩子就会在那件展品前花更多的时间。就学校的团体来说，如果有一个活泼的知识渊博的展品解说员引导他们，就可以帮助他们集中注意力，因此研究建议博物馆增加展品解说员（如简单地进行展示或引导观众自己探索）。[1]福克与迪尔金更强调博物馆人力资源对加强博物馆体验的作用，说道："从根本上说，人才是加强展品与观众交流最有力的要素，只有人的协调作用才能加强公众理解科学。"[2]事实上，他们发现人际互动可以加深观众对博物馆的印象，甚至是许多年后还能印象深刻：

> 如果博物馆能给观众一些注意和关怀，让他们觉得自己是重要的，是被关心的，那就可以保证这次经历是令人难忘的……博物馆教育质量有保证的关键还是人，尤其是受过良好训练，对职业忠诚的人。[3]

商业利益也驱使博物馆必须提升与观众的人际互动。就像吉莉安·托马斯所指出的，工作人员的一个笑脸就可能抵消一件坏的展品带给观众的负面印象。[4]

组织架构

美国科学技术中心协会定期调查世界上的传统科学博物馆、儿童博物馆与动手型科学中心，发现并没有统一的或典型的博物馆组织规模和架构类型。1987年的调研收到131家博物馆机构（其中18家是美国以外的）的反馈，调研发现博物馆相关机构平均雇佣28.5个全职员工。[5]员工规模必然跟科学中心的大小相关：微型科学中心（1858 m² 以下）一般有全职员工17.5人，小型科学中心（1858～6968 m²）一般有全职员工46人，中等科学中心（6968～18580 m²）有全职员工118人，大型科学中心（大于18580 m²）有全职员工242人。[6]

在科学博物馆与科学中心这样一个多元的机构中，组织架构也是多样化的，但是一般都是按三级分层来设定的：运营与财务、市场与开拓（筹资）和项目部（通常包括展品管理和教育职能）。[7]研究表明组织架构并没有一种最优的模式，而是跟展馆的规模和展品的特性有关。例如，只有当动手型中心与传统博物馆结合在一个馆中的时候，他们才会既招聘策展人也会招聘藏品管理员。而在动手型中心中，教育与解说部门的主管一般要全面负责展品的开发，因此一般在组织架构中处于上层，而这个角色可能在传统型博物馆里是不需要的。

科学技术中心协会的调查显示员工工资支出占到科学中心总支出的50%～70%。[8]这一数据是在数据可获得性约束下进行过修正的（见第四章），根据第四章的数据一般是占50%左右。由于人力资源管理对观众参观体验有重要影响，且人力资源对科学中心财政支出的影响巨大，我们有理由得出科学中心必须要谨慎、明智地对待人员招聘、培训和管理的结论。而且，由于员工的培养成本是很高的，如果流动性太大，必然就不合算了。

前台员工的职责

动手型博物馆与科学中心招募的很大一批职员都用于前台，辅助展品的解说过程。他们或被称为向导（布里斯托尔探索馆），或被称为赋能者（尤里卡儿童博物馆、伯明翰科学之光博物馆），或叫助手（加迪夫科学博物馆、巴黎维莱特科学工业城），或叫解说员（伦敦科学博物馆、旧金山探索馆），或叫传译员（波士顿儿童博物馆），或叫辅助人员（伦敦自然博物馆），或称为主持人（安大略科学中心），抑或叫展示员（利物浦技术试验台），也被称为展厅助理（伦敦科学博物馆的发射台展厅）。[9]虽然对前台解说员（front of house interpretation staff）没有统一的专职称呼，但他们针对动手型展品的工作性质类似。[10]这种职能的类似一部分要归因于欧洲的科学中心是以美国为榜样而建的，尤其是科学中心的先锋——美国旧金山探索馆和波士顿儿童博物馆是他们效仿的对象。

案例研究1：旧金山探索馆的解说员

1988年，旧金山探索馆共有90名全职员工、118名兼职员工（包括

45名兼职解说员），此外还有25名按周计时的志愿者和75名特别活动志愿者。[11]1969—1986年，共有900名青少年成为探索馆的志愿者，挑选的原则是"富有激情和学科多样化"，这是展厅的前台解说员需要具备的首要特征。[12]旧金山探索馆的创始人弗兰克·奥本海默的理念是以互利互惠的方式来招募和管理这一批解说员和志愿者，即一方面这些还是学生身份的志愿者为博物馆展品和观众服务；另一方面志愿者不仅能获得报酬，还能获得工作经验和工作技能。

探索馆每年招募解说员三次，每四个月为一轮，这样既可以使更多的学生有机会加入博物馆志愿解说项目，也能减少工作乏味感。虽然解说员的首要身份是向观众解释与展品相关的科学原理，但是工作分配的原则最重要的不是他们的专业背景，而是好奇心、友善形象、热情和多学科背景。[13]探索馆有一半以上的解说员都不是白人，这就保证了文化的多样性。对解说员最基本的要求是对儿童和成人的问题及时耐心地予以回答的能力。[14]一旦通过应聘程序受聘为解说员，学生们要利用三个周末的时间进行共50小时的密集培训，此后还需接受博物馆工作人员的定期培训。

除了展品之外，博物馆环境的营造也是展览成功的重要条件。而解说员之间也要互相帮助和依赖，因为他们都有着不一样的学科背景，加强合作才能更好地应对问题，更好地服务观众。再者，博物馆员工与学生解说员之间也要形成良性的指导和被指导关系。[15]

不断地引进新展品和展览模型有助于员工保持工作的积极性。[16]研究发现解说员制度长期来看对促进他们学习的热情尤其是对科学的热情有一定帮助。这些学生解说员从这份工作中获得了自信，提升了新的学习自身技能，且对在一个多元的文化背景里工作报以正面的态度。而且，与其他职业领域的年轻人比起来对工作有更积极的态度。[17]

案例研究 2：波士顿儿童博物馆的传译员

波士顿儿童博物馆的目标之一是："吸引和支持多样化学科和文化背景的职员，对儿童有爱，能给博物馆工作带来创意和专业知识。"[18]在20世纪60年代初，波士顿儿童博物馆从它的理事会成员、职员构成和观众背景来看，可以说基本上是白人的博物馆。但从20世纪60年代后期开始，博物馆招募了更多其他文化背景的员工，以促进博物馆跨文化的项目。到1991年，博物馆招募了105个全职员工，他们不同的民族背景在许多层面都起到了积极的作用。[19]博物馆尽力与各社区取得联系，从而保证在面试前有足够多的人来申请这一职位，因此他们在报纸上刊登招聘传译员的广告之后，还会经过一个漫长的申请和选聘程序。当然，虽然非常强调申请者的背景多样性，但是同时更关心申请者的质量。[20]

波士顿儿童博物馆的教育阐释项目（Museum Education Interpretership Program）吸引了来自全世界各地的申请者，这为有志于从事博物馆或非正式教育相关职业的人提供了锻炼的好机会。此项目招聘来的人主要是从事与观众互动的工作，其次是安保、保洁和展品存储工作。为了使所有人能更好地参与进来，博物馆未对这个岗位设置任何正式的预备知识要求。招聘每年进行三次，雇用时间一般为5个月或夏季12周。受雇学生要进行10天的入职培训，首先是4天的有关博物馆理念、展品和运营的密集训练，接下来是2天跟随传译员前辈现场学习，然后是4天综合性培训。每一件展品都有一本用户手册，详细介绍其理念、目标，每一位员工都有详细的培训计划，而且每天都有一小时的培训课程。培训内容与博物馆的整体理念一致，那便是重视对顾客的关怀和互动式学习。[21]

布里斯托尔探索馆和波士顿儿童博物馆为欧洲的科学中心与儿童博物馆的建设树立了榜样，但在世界各地也还有很多博物馆在提供平等受教育机会、志愿者招募、聘用学生学徒级员工培训与职业发展等方面有优秀的实践经验。

案例研究 3：纽约科学馆的"科学教师职业阶梯"计划

纽约科学馆首创了"科学教师职业阶梯"（Science Teacher Career Ladder)计划，旨在吸引女性和黑人群体投身到科学事业中。1991 年，纽约科学馆吸纳了 60 名正在学习科学课程的黑人大学本科生作为科学教师，以兼职身份每周工作 15 小时，每个周期项目持续 10 周（每年进行三次）。这些学生的职责是欢迎观众并帮助观众在博物馆里学习和活动，以及进行展品演示。反过来博物馆也希望达到增加这些雇员的信心、丰富科学知识、提高交流能力的目的。博物馆给每位解说员一份书面的工作计划，会展开两天的指导培训，而且每天会要求解说员参加 30 分的培训会议，且对他们的工作进行中期考核与总结考核。此外，对每一门培训课程都要给这些"小教师"进行打分，按课程表现和服务工作表现两个部分的成绩确定薪酬。许多"小教师"在结束为期 150 小时的一轮服务之后，还主动参加了下一轮，而且此后还发现他们很多人未来都成了数学或其他科学教师。另外，如果是高中文化水平的解说员申请者，就会作为实习生来培训，他们在周末、晚上和暑期活动中辅助进行观众服务工作。这些高中生有些能获得报酬，而有些可以跟学校的课程相联系，从而挣到学分。[22]学生在波士顿科学博物馆实习还会做现场演示和表演的工作，而这样的学生实习项目还受到当地企业的资助。[23]

美国动手型博物馆的志愿者

美国科学技术中心协会的调查发现，有效回应的 125 家博物馆机构平均每家有 98 名兼职志愿者（相当于 8 个全职岗位），这些志愿者中有 28％的人服务于教育或项目规划。其中半数中心聘用了一名付费志愿者协调员，另有 7％聘用了一名零薪酬志愿者协调员（在其余机构，志愿者协调工作是分散的）。其中 60％的志愿者年龄在 18～59 岁，15％的在 17 岁或以下，25％的志愿者超过 60 岁。[24]

波士顿科学博物馆（Boston Museum of Science）有大规模的志愿者项目，1991 年志愿者总数达 450 人，服务时长达 6 万小时——相当于 25 位全职员工（每位志愿者每个月工作 12 小时）。志愿者招募活动每年进行三次，招聘进来后首先要经过为期2天的培训，此后每天还需参加30分钟的培训。像纽约科学馆和波士顿儿童博物馆一样，每一件展品都有自己的培训手册。对志愿者的岗位职责都有相应的描述，而且大多数志愿者都签订了书面的合同。[25]

印第安纳波利斯儿童博物馆同样有大规模的志愿者活动：1990年该博物馆有152名全职员工，80名兼职员工。另有555名成人志愿者，他们全年工作了23297小时，还有737名青年志愿者，他们全年工作了53429小时。[26]志愿者对于印第安纳波利斯儿童博物馆——世界上最大的儿童博物馆极为重要，甚至他们还建有自己的志愿者中心。同样，费城"请触摸"博物馆有100名志愿者来辅助其30名全职员工和20名兼职员工的工作。这些志愿者要进行正式的面试，博物馆对他们的岗位职责会有描述，且对他们有固定的培训计划。他们全面参与博物馆的各种工作，包括前台和幕后，而且他们的工作有时和拿薪水的及不拿薪水的员工的工作有重叠之处。[27]曼哈顿儿童博物馆的情况亦是如此，但是此博物馆未对志愿者工作进行岗位规范。相比之下，1991年的布鲁克林儿童博物馆未招募任何志愿者，因为当地政府削减了对博物馆的资助，员工感到自己的工作岗位受到了志愿者的威胁，因此他们就不再招募志愿者了。

欧洲的动手型博物馆

美国的科学中心和儿童博物馆前台工作人员的挑选、聘用和培训程序对萌芽时期的欧洲动手型博物馆产生了重大影响。法国维莱特科学城的创新馆就招揽了许多前台工作人员，在馆中发挥安抚家庭团体中的父母、减少学校团体组织的紧张情绪，并帮助观众理解展品的内容和含义的作用。这些"小帮手"的工作涉及检查机器、对小故障进行修理、维持秩序、向观众问问题以鼓励儿童参与思考、回答问题和演示实验、负责教育项目的运转，等等。前台人员的工作必须要明确，这样一方面可以使他们在从事这项多样性的工作时得心应手，另一方面普通观众也会更加适应这样一些不穿工作制服的"导游"。此外，创新馆也招募志愿者，但是他们的工作角色与受薪员工的职责是分开的，从而避免了工作冲突。[28]尤里卡儿童博物馆的前台展览解说员就是专门为促进观众获得愉悦的参观体验且从中学到知识而设置的。展览解说员同时担当欢迎和引导学校和其他团体、运营针对家庭团体周末和节假日的展出和活动、娱乐排队的人群和安全保障的职责。1992—1993 年，展览解说员是尤里卡儿童博物馆教育与解说团队的重要成员之一，尤里卡儿童博物馆当时招聘了 11 名无固定期限劳动合同（在短期合同结束之后签订）的展览解说员和一批临时职工。临时工和合同制员工都有同等薪水待遇，受博物馆 4 个领导小组（分别为学校联络、项目、内务管理和志愿者协调部）领导。而小组组长和展览解说员又受观众服务部经理领导，观众服务部经理同时还负责管理两名专职教员和一名课程助教，这名课程助教也对教育与解说部门的主管负责。[29]

尤里卡儿童博物馆每天要按位置划分制订详细的轮值表，除了在学校活动日进学校开展活动之外，展览解说员都要按照轮值表来安排工作。而在博物馆学校活动日，这 11 名展览解说员要发挥重要的作用，周末和高峰期有特别活动的时候还会增加展览解说员来帮助活动的进行，一般周末会派 15 名，高峰日派 19 名。具体说来，就是在学校活动日每一名展览解说员平均要负责 273 m^2 的展览面积的观众服务，而有特别活动的高峰日则每名展览解说员平均负责 158 m^2 的展览面积。这与其他科学中心形成鲜明对比，如维莱特科学城的创新馆每名展览解说员平均负责 300 m^2 的自由展区；而伦敦科学博物馆的发现中心展区是每名展览解说员平均负责 5 名儿童。[30]

博物馆的有些展区展览解说员只需要鼓励和照顾好观众，而有些展品（如工厂的生产线展品）就必须要展览解说员来进行操作演示，类似这样的大型展品不可避免地会出现在博物馆开放时间内不能正常使用的情况，这就需要展览解说员来安抚观众，解释原因。还有一些展品需要观众进行角色扮演，那么显然展览解说员在其中就发挥重要的组织和演示作用。1992 年针对尤里卡儿童博物馆的一项评估研究显示，在其银行场景展里，展览解说员的作用，是组织儿童进行角色扮演，帮助教育儿童理解有关现金的作用和使用。而在商店场景中，解说员不得不经常陷入帮助孩子管理备用现金的繁忙境地，以至于在这个展区解说员没空引导儿童进行角色扮演，最终导致活动很混乱。[31]

尤里卡儿童博物馆最早招募的一批前台展览解说员是在博物馆向公众开放前两个月完成的。通过在当地媒体上发广告，尤里卡儿童博物馆首期招募就吸引了 400 名申请者，75 人进入面试，最终 24 人被录取，包括全职和兼职两种形式。虽然有机会只雇佣那些研究生、教师和受过正式训练的保育员，但是尤里卡儿童博物馆当时的原则是给更多有技能和经验的人机会，因此招聘的人员背景也比较多样化。不过这批人有三个共同特征：有与孩子打交道的丰富经验，具有亲和力，年轻。虽然事后看来这项政策带有一定的歧视，但尤里卡儿童博物馆在解释为什么只招年轻人时表示，一方面，解说员工作是一项很消耗体力的工作，必须由年轻人来承担。另一方面，尤里卡儿童博物馆吸引的申请者来自不同的文化背景，这就保障了展览解说员团队的多样化，不过总的来说男性申请者的比例偏低。[32]

尤里卡儿童博物馆团队中的教育团队、高级管理人员、消防等后勤负责人员对首批入职的展览解说员进行了为期一周的集训，涉及方方面面的内容。此后，每天工作开始前展览解说员都要参加 30 分钟的交流和培训，一方面使展览解说员之间能交流工作，另一方面也方便他们与自己的上层领导随时沟通。而且在广泛听取了员工的培训需求心声之后，博物馆还在学期时间的每周一下午举办讲座，由内部教育团队的员工或者邀请外部专家来讲课。因此尤里卡儿童博物馆招聘前台展览解说员的第一年进行了大量的培训活动，内容包括从教育专业领域的小剧场教学运用，到符号语言的使用等。[33]

一开始博物馆与展览解说员签订短期劳务合同，短期雇佣关系结束后，许多展览解说员都能成功地拿到无固定期限的劳动合同。根据美国的经验，尤里卡儿童博物馆的馆长认为短期雇佣关系可以避免员工出现职业疲劳，但是展览解说员对这份工作也需要安全感，而且经过谨慎的招聘考察程序和大量的培训之后，在以热情为核心的工作中培养展览解说员的职业忠诚度是明智的。这样一来，经过一年的挑选和培训之后，接下来就不需要再进行大量的招聘了。不过还是需要为周末和假期博物馆观众多的时候做准备，因此招聘一批机动工作人员或志愿者、实习人员和学生便成为首选。这批人进来之后也需接受系统的培训，其中包括半天由博物馆教育团队主导的博物馆理念、文化以及展品情况的培训，半天由展览解说员组长进行的紧急疏散及核心展品的培训，还需由资深展览解说员带着进行一整天工作体验，第三天这些新来的展览解说员便开始自主工作。

在伦敦科学博物馆中，1986年发射台展区就雇用了6名展厅助理，他们身穿实验室服工作。到1994年，博物馆雇用了30名解说员，这批人就像尤里卡儿童博物馆的要求一样，都是富有激情、活泼、开朗的年轻人。他们的任务不是仅仅介绍展品背后的科学原理这么刻板，而是要鼓励观众思考和发问，引导观众通过交流相互学习。不鼓励解说员提供死记硬背的问题答案，而是要引导观众自己去探索和发现问题，进行开放式解题过程。伦敦科学博物馆的展览解说员还有一些与尤里卡儿童博物馆的展览解说员类似的职责是活动演示、维持学生纪律、检查展品的运转状况，并且确保人群的安全、控制拥堵等。伦敦科学博物馆倾向于招募的前台工作人员需具有以下特点：有"科学是重要的"意识，而更重要的是要能积极外向的与人交流沟通。还是跟尤里卡儿童博物馆一样，伦敦科学博物馆花重金投入前台工作人员的培训中，其内容包括展品背后的科学原理、学习模式、国家科学课程、职业技巧以及工作自信心。[34]

展览解说员的职业疲劳

所有的互动中心都面临一个共同的问题，那就是如果与招聘的展览解说员签订长期合同，他们都无可避免地会出现职业疲劳，失去工作热情。为避免这一情况，美国许多博物馆都只与雇员签订短期合同，同时像旧金山探索馆也通过经常更新展品来保持员工的斗志。而伦敦科学博物馆与尤里卡儿童博物馆则在培训上做文章，希望不仅提高员工的工作技能，而且通过这种不断提高来抵消职业疲劳。这个手段是非常重要的，因为重复性工作会使展览解说员失去新鲜感，而且可能薪水待遇也不一定总是合理的，加强培训提高可能是缓解职业疲劳的途径之一。那些富有热情的展览解说员们很有可能希望更多介入教育项目和展品设计。尤里卡儿童博物馆的展览解说员可以获得职业晋升，进入博物馆管理层，也可以发挥自身技能所长，在内部轮换岗位。显然，人力要素是互动中心非常昂贵的资源，必须要尽可能高效地培养和利用。尤里卡儿童博物馆鼓励展览解说员对展品的设计提出改进措施，而内部不管哪个层面和哪个部门的员工，都被鼓励一起合作改进博物馆的展览和活动。同样，伦敦科学博物馆也同样鼓励解说员对展品的开发给出有建设性的意见。[35] 1993年，伦敦科学博物馆、尤里卡儿童博物馆和伯明翰科学之光博物馆都在考虑解说员职位转换的可能性。

尤里卡儿童博物馆与伦敦科学博物馆的展览解说员政策是都只雇用年轻人，这也是规避职业疲劳的策略之一。英国互动组织于1993年4月组织了一场主题为"动手型学习中人力要素的作用"的论坛。在论坛上，该政策广受其他动手型博物馆的批评。相比之下，布里斯托尔探索馆则雇用各个年龄层的人担任展览向导（pilots）[36]，而加迪夫科学博物馆也雇用各个年龄段的人作为前台"助手"（helper）（一般是55人，兼职），而对年龄较大的前台助手则减少工作时长和工作性质的转换，以此来减轻职业疲劳。[37]加迪夫科学博物馆还采取其他的人力资源管理方法：对前台助手明确规定培训的目标，且制定明确的绩效评估标准。

还有一些博物馆机构对解说员和促成员的需求则完全不同。有些传统的英国博物馆在现有的静态展览空间中开辟互动展区，从而以前前台职员的角色便需要从安保向博物馆展览助手和活跃的教育项目参与者转变。例如，科尔切斯特博物馆(Colchester Museums)中原来的服务人员现在就需要引导学校团队的参观和活动。[38]事实上，汉普郡博物馆服务委员会(Hampshire County Council Museum Service)和东南部博物馆服务委员会(South Eastern Museums Service)就已联合制订了动手型中心与博物馆解说员与演示员的培训手册，手册包括如何倾听、发问和演示。[39]

考古资源中心的志愿者

约克郡考古资源中心(ARC)应对职业疲劳的措施是只招募志愿者来承担前台服务的任务。ARC的职业经理安德鲁·琼斯(Andrew Jones)认为，动手型中心要想观众有满意的参观效果，不管招多少拿薪水的员工来服务都不够，与其这样，不如只招募志愿者来解决这一矛盾。ARC花重金投入志愿者招募和培训中。有望成为志愿者(包括在读学生)的人需先参观一次博物馆，进行了解，接着需要提出正式的申请。如果申请被接受，首先则要接受2小时的安全和紧急情况处理的培训，此后还需按照课程表接受一系列的培训课程。培训主讲教师由博物馆的工作人员轮流承担，他们同时也鼓励志愿者提出自身的培训需求。博物馆除了定期进行工作总结和非正式的论坛交流心得之外，每月还会举行员工晚会。ARC意识到，只要志愿者感到不高兴了，他们就会很快离职，因此ARC必须要提供某些东西作为回报，才能吸引志愿者们。[40]

公众出于对很多条件的考虑才会申请作为ARC的志愿者，这些理由包括：首先是职业生涯第一步的需求，那就是结识一些人；其次是长期不工作之后想重新开始工作。因此，学生和失业人员(包括那些从家庭琐事中想回归工作状态的人)以及退休人员是申请志愿者的主要群体。ARC每年招聘50位志愿者，且给学生提供200个工作岗位(主要是需要考古学和遗产管理学科的学生)。ARC早有让考古学志愿者与博物馆员工一起工作的传统，这样可以减少不必要的摩擦。ARC对志愿者的大量投入获得了回报，它达到了让公众理解考古学的目的，也使得博物馆保持着有活力和有趣的状态，而且他们的员工也很少感到职业热情被耗尽。就像琼斯所说："志愿者对于动手型中心来说并非是满足博物馆工作需求的廉价劳动力，而是非常重要的资源，可以减少公众对博物馆的不满意"。[41]

动手型中心人力资源管理最佳实践案例

实质上，好的人力资源管理方法是适用于任何组织机构的：它开始于职位分析，首先明确组织的目标需求，细化岗位工作要求，其次是要明确在组织架构中，职位提供者之间的关系。ASTC的调研发现并没有适应所有动手型博物馆与科学中心的组织架构，而是取决于机构的大小和个性特质。一个重要的事实是在组织架构中如何安置这些前台员工——这是员工开支的主要部分。是让他们归运营部经理管理呢？还是根据动手型博物馆的教育属性而归教育部门管理？两种管理方式都有争议：如果归教育部门管，那么他们很多时间都要被行政管理的琐事浪费掉，而如果归运营部门管，那么他们的教育角色就有被弱化的风险，这样就又陷入传统博物馆当服务员一样的困境了。许多博物馆，正如上文提到过的科尔切斯特博物馆一样，也在尝试将原来传统的博物馆服务人员进行重新培训，从而向教育人员转换。由于人力资源对于学习来说太重要了，教育部门员工无论如何都是有责任管理前台员工的培训和发展的。

就像其他的机构一样，博物馆对每一个职位（无论是有偿的还是义务的）都应有一个详细的职位描述，清晰地定位每个人的工作任务、工作条件、上下级关系和预期的成果。一个明确的职位描述需向员工明确他的工作对谁负责，考核标准是什么，不然，一个模糊的职位描述则可能误导员工。除了要有清晰的职位描述之外，还需有人列出详细的考核标准，只有标准可量化考评，才不至于使考察结果过于主观。

博物馆在进行前台人员的招聘和筛选程序之前，要广泛地发广告，尽可能吸引更多人来报名，然后通过一定的标准挑选出最合适的人。筛选的方式有很多，最常见的无外乎先在大量的申请者中挑选出针对所申请的岗位符合基本条件的人，然后通过面试来考察。针对面试表现给出一个考察条目和标准，可以有助于客观做出决定，避免差别对待。不管是有偿职位还是志愿者职位，都要求受聘人无犯罪记录，尤其是对小孩无强暴猥亵罪记录。

即便如此，前台员工的筛选可能还是非常主观的，因为就前台职员特性来说，他们要求应聘人员要有在短时间内能与公众交流和互动的能力。这就意味着面试者要尽快表现出岗位所需要的能力。很显然，面试者的表现和以前与孩子有关的工作经验都是可以考评的，但是就算是旧金山探索馆与伦敦科学博物馆等大型博物馆也都会认为个人特质才是最重要的。理由很简单：前台员工只有1分钟时间去创造一个互动的气氛，俗话说，"你只有一次机会留下好的印象"，以此为标准，必然会在筛选过程中带入更多的主观性。这也正是对招聘决策提出的挑战，解决这个问题的办法之一就是在博物馆展厅设计一堂与观众互动的模拟考试，在这个过程中考评所有面试者的表现。

对于所有雇主来说，职位筛选机制的公平性都是一件极其重要的事。而在博物馆领域，这种重要性还来自两个方面：一是一种变相的宣传，扩大自己的影响力和客源（也有可能是为了确证博物馆拿公共补贴的合法性）；二是博物馆本身就有揭示社会不公平现象的培训目的，如纽约科学中心就有这样的目标。在英国，机会均等是受到英国和欧共体法律保护的：任何对于性别、婚姻状况、种族和残疾的歧视都是非法的。波士顿儿童博物馆在致力于工作机会均等实践方面是最佳典范。此博物馆提倡一定要在广泛的层面发布职位招聘消息，但是唯有最优秀、最符合条件的人才能入选。因此关键是首先用合适的方式广撒网，其次是严格按照标准挑选最好的人才。

英国法律禁止求职中对年龄和性别的歧视，但是实际上这对雇主来说却是很难接受的，因为很多互动博物馆对年龄确实有特殊的要求，因为他们认为这份工作很耗体力，年纪大的人很难胜任。但是也有许多的英国和美国的博物馆尽量让老年人能发挥所长，其中一个办法是减少轮班的时长，如威尔士的加迪夫科学博物馆就采取了此措施。

好的人力资源管理方法还包括人员被招聘进来之后的管理措施，包括入门引导、工作细化培训和考评，以及未来持续的提升通道。尽管波士顿儿童博物馆的阐释者项目的成功为其他博物馆提供了模仿的样本，但是其他博物馆也涌现出许多好的入职培训做法。例如，培训需求分析就可以帮助博物馆明晰个人的培训需求。制定考评要求时，要让职员明确知道博物馆希望他们有怎样的表现，并要明确他们的表现是如何与整个博物馆的目标相联系的，同时也使他们的业绩得到认可。这样的措施有利于使员工认识到自己是团队的一员，从而避免消极怠工，而对员工表现的考评实际上也是个双向的过程，也可以使领导收到员工的反馈，从而在交流中共同提高。

还有其他许多能避免员工职业疲劳的措施。而许多动手型博物馆采取的最简单的方式就是采取短期合同制。这种方式的确保证了员工队伍的高度流动性和变化性，但是缺点是前期培训投入过大。如果博物馆有着宏伟的培训目标，就像旧金山探索馆和纽约科学中心一样，那这种短期合同制确实有助于提供更多的工作岗位。但是也有些实行长聘机制的博物馆是通过提供精细计划的职业培训和发展晋升通道来消除职业疲劳的。

前台员工的工资是动手型博物馆的最大一笔支出，有的能占到年度支出总额的50%，前台员工的需求量很大，许多科学中心都是采取招募志愿者的方式来缓解员工需求的压力，约克郡的ARC、波士顿科学博物馆和印第安纳波利斯儿童博物馆在招募志愿者作为劳动主力或是辅助在职的其他员工方面都有着成功的经验。有些博物馆志愿者和正式员工可以互换工作，但是更普遍的做法是招募志愿者辅助正式员工做额外的工作（有工作手册）。这样的策略可以避免布鲁克林儿童博物馆在1991年出现那种困境，即员工感到自己的工作岗位受到了志愿者的威胁。但志愿者是综合性的资源，绝不应该简单地看作无偿劳动力，就像其他的员工一样，也需对他们进行妥善的管理和协调。事实上，如果博物馆不能很好地满足志愿者劳动力的特殊需求的话，志愿者离职率可能会提高，这样重复招聘和培训便会花费大量的时间和经费。

总的来说，招聘和筛选程序的公平公正、大量培训与发展晋升途径是许多机构人力资源管理成功的关键要素。人际互动的重要性要求动手型博物馆与科学中心对其正式员工和志愿者都采取高标准的管理、培训和发展措施。如果这方面措施不成功，员工与观众的互动水平就会受到影响；而且可能会使前台员工容易进入职业疲劳期，这将导致大量的人员流动，耗费大量的员工招募和培训成本。

注　释

1 B. Gammon, N. Smith and T. Moussouri, 'An evaluation of the Things gallery', unpublished report by Science Museum Public Understanding of Science Research Unit, 1996.

2 J. Falk and L. Dierking, *The Museum Experience*, Washington: Whalesback Books, 1992, p. 146.

3 Ibid., pp. 157-8.

4 G. Thomas, 'The Inventorium', in S. Pizzey (ed.), *InteractiveScience and Technology Centres*, London: Science Projects, 1987, p. 84.

5 S. McCormick (ed.), *The ASTC Science Center Survey: administration and finance report*, Washington, DC: ASTC, 1989, p. 7.

6 Ibid.

7 S. Grinell, *A New Place for Learning Science: starting and running a science centre*, Washington, DC: ASTC, 1992, p. 107. Organisational structures of typical science centres of different sizes are given on pp. 138-44.

8 S. McCormick, op. cit.

9 M. Quin, 'The Exploratory pilot, a peer tutor? —the interpreter's role in an interactive science and technology centre', in S. Goodlad and B. Hirst (eds), *Explorations in Peer Tutoring*, Oxford: Blackwell, 1990, pp. 194-202.

10 A. de Caries, 'The human element to hands-on learning', British Interactive Group, *Newsletter*, summer 1993.

11 The Exploratorium, 'Facts and figures', San Francisco: The Exploratory, 1988.

12 J. Diamond, M. St. John, B. Cleary and D. Librero, 'The Exploratorium's Explainer Program: the long-term impacts on teenagers of teaching science to the

public', *Science Education*, 71, 5, 1987, pp. 643-56.

13 Ibid. , p. 645.

14 S. Neill, 'Exploring the Exploratorium', *American Education*, 14, 10, 1978, pp. 6-12.

15 J. Diamond *et al.* , loc. cit. , p. 655.

16 S. Neill, loc. cit. , p. 13.

17 J. Diamond *et al.* , loc. cit. , pp. 654-5.

18 The Children's Museum, 'Facts and figures', Boston: The Children's Museum, 1991.

19 P. Steuert, *Opening the Museum : history and strategies towards a more inclusive institution*, Boston: The Children's Museum, 1993, p. 30.

20 Ibid. , pp. 30-8.

21 Interview with Eleanor Chin, Director, Special Projects at Boston Children's Museum, 27. 10. 91; The Children's Museum, 'Interpreter program' leaflet, Boston: The Children's Museum, 1990; S. Curry, 'Interpreting at Boston', *GEM News*, 57, 1995, p. 3.

22 Interview with Peggy Cole, Director, Special Projects, at New-York Hall of Science, 1. 11. 91; 'The science teacher career ladder' leaflet, New York: New York Hall of Science, 1991.

23 Interview with Paul Fontaine, Manager of Public Programs, Museum of Science, Boston, 28. 10. 91.

24 S. McCormick, op. cit. , pp. 7-10.

25 Interview with Paul Fontaine, op. cit.

26 Interview with Paul Richards, Vice-President, Exhibitions at The Children's Museum of Indianapolis, 3. 11. 91; The Children's Museum, 1990 *Annual Report*, Indianapolis: The Children's Museum, 1991, p. 11.

27 Interview with Nancy Kolb, Director, Please Touch Museum, 5. 11. 91; Please Touch Museum, *1990 Annual Report*, Philadelphia: Please Touch Museum, 1991.

28 G. Thomas, loc. cit. , pp. 76-89.

29 T. Caulton, unpublished paper given at British Interactive Group Meeting, The Human Element to Hands-On Learning, 20. 4. 93.

30 M. Quin, loc. cit. , pp. 200-1.

31 K. Reeves, 'A study of the educational value and effectiveness of child-centred interactive exhibits for children in family groups', unpublished dissertation, University of Birmingham: Ironbridge Institute, 1993, p. 75.

32 T. Caulton, op. cit.

33 Ibid.

34 A. Porter, 'The art of explaining science', *Museums Journal*, May 1994, p. 34.

35 Ibid.

36 M. Quin, loc. cit., pp. 198-9.

37 Interview with Colin Johnson, Deputy Director, Techniquest, 30.10.96.

38 D. Erskine, 'Going interactive', British Interactive Group, *Newsletter*, summer 1996, p. 11.

39 SEARCH, *Going Interactive*, Hampshire County Museums Service/South Eastern Museums Service, 1996.

40 A. Jones, 'The role of unpaid staff in hands-on centres', British Interactive Group, *Newsletter*, autumn 1993, pp. 4-5.

41 Ibid., p. 5.

第八章
教育项目与特别活动管理

本章概述了英国与美国的动手型博物馆与科学中心是如何管理运营教育项目、特别活动与其他延伸活动的。

导 论

教育是动手型博物馆与科学中心所有活动的核心目标。所有的展品都是围绕着教育目的而开发和设置的，员工培训是为更有效地为观众提供教育服务而展开的，展品和活动评估也是围绕能否达到特定的教育目的而设定的。作为非正式教育场所，动手型博物馆对其观众有广泛的定义，但不管观众群体是谁，博物馆的教育策略都是希望鼓励现有的观众更好地利用博物馆的展品，或通过创新性的活动与拓展项目来开发潜在的观众。

维护已有的观众或者具有相同爱好的潜在观众是最容易也最节省成本的，而要触及那些之前没有参观过科学中心的群体则比较困难。第五章已说明现有主要观众群体是家庭和学校组织的群体。要想维持和鼓励这部分观众多参观博物馆，可以采取一些市场渗透策略，如促销活动或改变价格机制，也可以通过提升服务质量来实现，如开发科学教育课程，设置家庭或学校工作坊，儿童俱乐部和"博物馆之夜"特别活动。传统博物馆增加互动展区实际上也是一种服务的提升，可以吸引更多的观众并加强展览的叙事效果。

　　鼓励现有的观众更好地利用博物馆的展品和服务来学习远比通过延伸活动发展潜在观众更容易。相较于市场调研和评估研究等方法，直接测度现有观众的个性、想法及行为数据是更为容易的。可以通过教育项目的开发和市场策略来满足这部分公众的要求。对所有博物馆来说，这部分群体是核心的客户目标，也是主要的收益来源，因此要想办法满足他们的需求，让他们有意向来经常参观。而那些没参观过互动科学中心的人则更麻烦：不仅这部分群体的特征有待查明，而且他们的兴趣和诉求（通过非客户问卷调研进行）也有待研究；再者，要改变他们目前不参观动手型博物馆或科学中心的行为模式是非常困难的。这就需要采取一些市场扩充战略（如通过一些促销活动提高这部分人对博物馆的认识或针对他们做出一些门票价格的让步）或通过多样化策略有针对性地为这部分人开发新的服务。例如，针对5岁以下的孩子、青少年、刚退休的人士以及老年人设计一些展品和活动。开发这些活动花费是很大的，而且结果怎么样也难以预料。因此只有那些经济状况很好的动手型博物馆才会有余力投钱到其他扩展活动中。但是许多动手型博物馆与科学中心都有开发新观众市场的绩效规定，所以他们必须想办法用经济实惠的方式去吸引那部分不爱来动手型博物馆的观众。由于开发拓展项目的困难较大且效果难以预测，因此动手型博物馆必须首先对目标群体的需求有清晰的定位，针对他们的需求给出相应的教育策略。

　　动手型博物馆与科学中心可以辅助学校的正式教育课程，这已是众所周知的，因此在这个层面上动手型博物馆是合法的教育机构。第二章已论及为什么人们在非正式环境中学习效果更好，而且动手型博物馆还不简单的只是学校的延伸。第五章已说明过，距离在60分钟车程内的家庭是动手型博物馆主要的客源，其次是学校团体组织。而英国的博物馆有33％的观众是儿童，其最主要的客源是家庭团体而不是学校团体。有评论家认为独立博物馆的观众群体中，学校团体观众占到总观众量的10％～20％，尽管博物馆的目标、项目、教育资源和市场有明显的差异。[1]而事实上,英国博物馆的学校组织的儿童团队占博物馆总人数的比例差异很大,低的在5%以下,高的在50%以上。虽然不及家庭团体的份额大,但是学校团体确实是博物馆观众最重要的来源之一,还不仅仅是因为学校团体一般在工作日参观,而这时博物馆一般都是空的(这样可以弥补运营开放的固定花费),而且因为儿童参观之后还很可能将父母也带过来。实际上,研究发现儿童在随着学校团体参观之后,有2/7的人回去之后两个月内会带着父母再次来参观。[2]

美国的博物馆教育

第一章已经论述过,欧洲的动手型博物馆与科学中心的繁荣是受到美国动手型博物馆作为非正式教育机构成功经验的影响的。1987年ASTC调研收回的123份科学博物馆、儿童博物馆和动手型科学中心的有效问卷中,有97家是美国本土的博物馆(其中有1/3的有效样本是传统科学博物馆与自然博物馆)。调研发现这些博物馆最大的特色是活动的多样性。他们很注意为那些偶尔到访的人提供多样化的教育体验,满足不同个人的差异化需求。但是他们也开始更多地注意开发新的延伸项目,吸引潜在的观众。除了服务于观众之外,他们也开始在当地发挥更多的文化实体的功能。[3]

对调研做出回应的科学博物馆与科学中心中有一半的都说他们为观众提供8种以上不同的博物馆产品或服务,包括展览与讲座(94%)、课程与工作坊(94%)、特别活动(88%)、导览服务(67%)、田野考察(66%)、电影或太空秀(64%)、学生实习项目(64%)、天文馆秀(52%)。其他提供给普通观众的项目还有表演艺术(46%)、博物馆之夜(44%)、旅行活动(43%)、科学俱乐部(34%)、演讲台(36%)和广播/电视节目(32%)。

对于学校团队,这些受访博物馆表示能提供5种不同类型的教育项目,包括课程与演示(94%)、在职教师再教育项目(81%)、博物馆进学校(67%)、课程资料(66%)和工具箱与展品租借(53%)。学校项目还包括科学交易会(44%)与职业工作坊(30%)。调查内容没有包括解说员项目或出版物,而这两者都是博物馆走向市场的重要教育工具。[4]

总的来说,受访博物馆与科学中心有88%都表示他们会提供三种以上的教育项目。其中包括针对普通观众的一系列教育活动,虽然博物馆的类型和大小不一,但是在提供多样化教育项目上都有共同的特点。小型博物馆相对大型博物馆来说较少提供博物馆之夜与旅行活动,而大型博物馆一般都会提供电影和导览服务。建有自己的图书馆和资料中心的动手型科学中心中,有63%会倾向于提供天文馆项目和科学俱乐部,而博物馆在这方面较弱。

对学校来说,64%的受访博物馆会提供三项以上的教育项目,其中有50%以上的博物馆每年会服务25000名以上的学校学生。这些博物馆与科学中心的观众构成有平均24%来自学校组织的学生,其中小型博物馆的学生观众比例高于大型博物馆。研究报告推测是因为大型博物馆与科学中心对他们能容纳的课堂人数有一定的控制,所以大部分设施都要优先考虑远道而来的观众。研究还发现美国的博物馆比非美国的博物馆更倾向于与学校联系,举办科学课堂,或者流动博物馆进学校进行展示或者租借工具箱与展品给学校使用。此外,新建的博物馆相对老馆对学校团体观众的依赖程度较弱,较少提供学生课程、教师培训和课程资料。受访对象中,只有44%的新博物馆有课堂服务,而这一指标在老博物馆高达74%。因此调研报告认为新博物馆在初建阶段,学校不是他们最优先考虑的对象,而主打的是基于展品的,以普通公众为导向的项目。[5]

美国大型的科学中心中公共和学校项目会随着不同部门间经费的分配划拨而缩减。在ASTC调查并取得信息回馈的94家科学中心中,平均有10%的公共面积和14%的运营经费划拨给教育项目,分配给如电影院和天文馆等公共项目。一方面,美国科学中心在教育与公共项目的平均投入为总支出的27%,而另一方面,他们从特别活动、项目收入和出版收入方面获得的回报占总财政收入的19%。教育项目的员工占到总员工数的19%，获得的收入占总员工支出的14%（显示出教育项目员工的收入比博物馆员工收入的平均水平要低）。而教育之外的其他公共项目的员工支出共占到了总支出的14%。因此可见，美国的科学中心中，教育与公共项目部门提供的职位较多，而且招募的志愿中也有平均约53%的人都被分配到教育部门，不过这一指标的中位数为23%（中位数比平均数更客观，因为有些博物馆招募的志愿者数目较大，如加州科学工业博物馆的教育部门就有620名志愿者）。[6]

美国的案例研究

ASTC调查询问了受访博物馆如何评价他们教育项目的成功情况，这方面的调研相比展品调研要少得多。由于美国博物馆的教育项目大多是要额外收费的，这就使得其他流行和好玩的活动更具吸引力，从而容易忽视教育目标。受访者认为一个成功的教育项目要能提供动手元素的活动，且要在安全的环境中进行。而高素质的员工、高质量的内容都是前提保障。尤为重要的是要让孩子们接触真正的科技制品，感受真实的科学现象。此外结构安排上需灵活，日间托儿所项目以及放学后、假期和周末时间的项目都是好的选择，这些项目适合试图兼顾家庭和工作繁忙的父母们。[7]

据作者观察，美国科学博物馆提供的成功项目都试图吸引学校团体和白人之外的观众。例如，波士顿儿童博物馆历来有多元文化和社区项目的传统，深谙吸引新观众之道。[8]而坐落于民族杂居而破败衰落区域的布鲁克林儿童博物馆，通过"全体儿童成员"（Kid's Crew）项目每年平均吸引1200名当地7~15岁的儿童，其中有45名儿童是每天放学后自己来，且享受免费参加活动的优惠。1991年，布鲁克林儿童博物馆成为纽约唯一一个允许孩子不用父母陪伴单独来玩的文化机构。"儿童组"的会员中，10岁以上的孩子通过培训可以成为"少年研究员"，志愿参与博物馆各方面的活动，如展品解说、项目辅助或是衣帽存储管理等。14岁以上的青少年实习生就能获得薪水并参与博物馆更多的运营活动，同时还能接受工作技能培训。布鲁克林儿童博物馆工作团队将培训与亲身指导结合起来，以至于成为当时美国青少年文化服务机构的榜样。夏季的每周五晚，布鲁克林儿童博物馆还为家庭安排屋顶晚会，另外一年一度的夏季公园晚会已吸引了 15000 名观众参加。在一个街头混混当道，吸毒和犯罪横行的区域，布鲁克林儿童博物馆竟成为一个安全的港湾，它通过自己的文化服务和理念深入走进了当地社区。

而处在纽约繁华都市区的曼哈顿儿童博物馆也同样为当地社区服务。它将普通公众项目与学校项目区分开来，学校团体项目安排在上午，而普通公众项目安排在下午，此外还有专门针对上班族父母的孩子放学之后可以进行的项目。笔者曾旁听过幼儿教育课，课程目的是帮助父母为孩子创造玩耍的机会。而费城"请触摸"博物馆正是发挥着类似幼教课程的作用，博物馆贴满了图画来指导家长的育儿方法。每年约有 155000 名观众访问这家博物馆，还有额外 5 万名观众可通过外围拓展活动囊括进来。例如，其流动大篷车（Travelling Trunks）项目就能将其准备的 24 套展品和活动送达社区或者搬到其他大型活动场所。当地的赞助商和资助人为博物馆提供了"贫困儿童基金"，周六早上可以以更优惠的价格让孩子们尽情玩耍。1991 年此博物馆门票平均价格只要 1.60 美元，相对于正常博物馆 5 美元的门票已是相当便宜，而且由观众自愿随意给钱的机制也保证了博物馆的高使用率。

纽约科学馆以改变黑人儿童数学和科学学得差的状况为己任，同样波士顿儿童博物馆也通过其展品和活动支持多元文化的发展。纽约科学馆通过一系列的活动来达成自己的目标。其"科学职业阶梯"计划我们在第七章已有所介绍，此阶梯项目的底部层级是高中生，他们也可以与来自大学的博物馆解说员取得联系，通过担任特别活动、生日宴和博物馆之夜等项目的实验室助力，从高年级的人身上学习经验。纽约科学馆的特别活动与公众项目令人印象深刻，包括大型的博物馆之夜活动、家庭工作坊、科学万圣节、探索发现活动以及一个大型的夏季活动盛事。当然这些活动是需要参与者自己付费的。

每个儿童博物馆与科学中心都有自己的特点，这与当地社区不同的需求有关。或许其中印象最深的是对青春期少年的关怀，而大体上这个年龄段的孩子出了学校是最不愿去博物馆的。对此，布鲁克林儿童博物馆建有"博物馆团队"（Museum Team）项目，而波士顿儿童博物馆则设立了"早期青少年项目"，还建立了"青年顾问团"，由博物馆员工和青少年一起设计合适的青少年项目。毫无疑问在这方面最有名的当属印第安纳波利斯儿童博物馆。此博物馆有专门与青少年一起，且为青少年设计的展厅，有专门的青少年顾问团，还有自己专门的新闻部门（每周都会在当地报纸发布消息），而最突出的是"博物馆学徒项目"（Museum Apprentice Programme）。此项目鼓励青少年作为志愿者加入解说员行业。此博物馆有四大展厅，每个展厅招揽了100名青少年解说员，他们在学期中每周服务两天，而假期每周服务四天。1990年参与此项目的450名青少年中，20%都是来自非白种人，且有60%是女孩。招募来的孩子们与博物馆每半年签一次合同，一开始他们能与父母待一晚，此后就要独立工作，孩子们要挑选一个展区服务，并且接受一整天的培训。此后，就会由先来的更有经验的学徒带着这些新学徒开展工作。孩子们可获得徽章和T恤作为报偿，但是要想参与项目，就得排队等待。学徒项目鼓励这些孩子们深化某一方面的知识，但更重要的是加强他们与陌生人打交道和沟通的能力。博物馆认为，虽然孩子们在诠释展品的含义时可能会出错，但是这一方案的社会效益要远大于出错带来的损失。这个项目的最主要缺点是管理费用过高，因为每一个展厅都需要安排有经验的导师来带着学徒们学习，但是由于不能确定哪一个孩子哪一天来进行服务，所以他们的培训计划可能每半小时就要修改一次。[9]

英国的案例研究

英国的科学中心与动手型博物馆在教育与公共项目上倾向于向美国学习，力图要反映它们所服务的社区的特点。就像美国一样，英国新建的科学中心在生命周期的早期阶段的主打市场是家庭与学校群体，而成熟之后便用开拓性的项目来扩展自己的观众群。尤里卡儿童博物馆在早期阶段针对家庭群体采取的策略是在周末和假期组织各种各样的主题活动，这不仅为观众带来了额外的价值，而且还鼓励他们再次参观博物馆。而对于学校团体，尤里卡儿童博物馆采取的策略包括：使学校意识到博物馆所能提供的各种服务；通过在社区广泛派发课程资料（由多个公共、企业和慈善机构支持）提高知名度；提供教师继续教育服务；许多活动对教师免费开放，使教师有机会提前预览等。所有到访尤里卡儿童博物馆的学校团体都要针对8个展区的其中一个集中学习，可提前预约，博物馆教育团队会有针对性地设计各种活动和工作坊（额外收费），来为到访的学校团体提供增值服务。总之，尤里卡儿童博物馆早期是紧盯学校和家庭团体的，许多活动设计也是围绕这两大主要观众群体，为其创造价值而进行的。

布里斯托尔探索馆也采取了类似针对学校团体的策略。在盖茨比基金的资助下，该馆于1993年设计了针对小学生的课程材料，鼓励所有的学生团体在博物馆都要首先聚焦于某一主题［称之为"路径"（Pathways）］，而主题的设置都与国家科学课程的要求相符。布里斯托尔探索馆的这一策略也是受到旧金山探索馆的启发，旧金山探索馆在让学生团体自由参观之前都会要求他们先挑选与主题相关的两三个展品集中探索。布里斯托尔探索馆的学生团体都要跟着"路径"项目的规定进行45分钟的分组培训项目，由博物馆的2名员工进行指导，而后半部分的45分钟可以在博物馆自由活动。而博物馆设计的课程资料则指导教师在这次参观回去之后还可以进行加深活动，并且由教师来考查学生对参观内容的理解，以及有哪些误读。这个项目全部是由慈善机构资助的，由于经费限制，布里斯托尔探索馆在确定此项目前，不得不放弃了许多相关主题的项目设计。[10]

开发课程教材并实践人力密集型的教育项目是很昂贵的，但是要想在英国教育旅游市场的激烈竞争中取得一席之地，就不得不进行这样的投入。拿到COPUS和一些支持公共理解科学的慈善机构的支持是开发教育项目的前提。只有那些有强大后盾、持续经费来源的大型科学博物馆机构才有能力进行高密度的教育项目开发，但是一些小型的科学中心也能与英国科学促进会协作，参与一些教育项目，如"科学活动周"等国家层面的项目。但是一些做得成功的教育项目能逐渐获得经济自主能力。例如，伦敦科学博物馆就广泛开发了教育和公众项目，就像尤里卡儿童博物馆与布里斯托尔探索馆一样，也借鉴了美国的做法。1993年，伦敦科学博物馆成为欧洲首家举办博物馆之夜与露营活动的博物馆，而其每月一度的"科学之夜"活动能吸纳400人的儿童公众，而且经费也是自给自足的。[11]"科学之夜"是组织严密的科学大众化项目，包括做实验、讲故事、火把游览活动，还有更刺激的是在登月舱里过夜，无疑这个项目是非常成功的。事实上，此后英国的许多科学中心都效仿伦敦科学博物馆的这一做法，而伦敦科学博物馆还新开辟了"女性科学之夜"活动。

处在生命周期第三阶段的动手型科学博物馆中，加迪夫科学博物馆可以说代表了英国科学中心这个阶段里最成熟的博物馆，而加迪夫科学博物馆的教育项目设置与美国的科学中心的做法极其相似。每年约有8万名学生到馆参观，约占总观众量的1/3。加迪夫科学博物馆针对小学和初中学生的课程也与国家科学课程要求相一致。学校团体参观也是按照40分钟自由活动（可以去科学电影院和天文馆），另一半时间要聚焦于某一个科学主题探究博物馆展品的形式安排。此外，本博物馆还设置了一个发现屋，放置了许多"探索盒"等待孩子们自己去揭秘（这与波士顿科学博物馆的做法非常类似）。除了到场参观，加迪夫科学博物馆还通过流动科学馆，或称科技大篷车的形式触及25000名公众，而其科技大篷车包括五类不同科学主题的五件动手型展品。而这些展品在半学期时间内成套出租给学校，包括100美元的运费、出租费用。博物馆还出租便携式天象仪，此外加迪夫科学博物馆还代表英国千禧年委员会管理运营一项博物馆延伸项目（一项将艺术与科学结合起来的项目）——"拍摄镜头与泰克尼康公司"（Pan-Tecnicon），千禧年委员会资助金额达30万英镑，每个项目1万英镑，共在威尔士区域资助30个提升公众理解科学的项目，由尤里卡儿童博物馆进行组织分配工作，并且与格拉摩根大学（University of

Glamorgan)科学传播学学科联合培养科学硕士。总之，加迪夫科学博物馆作为典型代表，不仅针对家庭和学校团体开展展览和活动，还广泛开发其他的公众理解科学项目，尽可能地惠及更多的普通公众。[12]

英国的动手型博物馆与科学中心发展迅速，在教育和公众项目的开发上也紧跟美国的步伐。但是每个国家间的动手型博物馆与科学中心还是有许多相异之处。如英国的科学中心不像美国那样需要处理种族问题；再者，伦敦科学博物馆也自主开发了针对青少年的互动展览，这一做法他们是原创，没有借鉴美国的印第安纳波利斯儿童博物馆、布鲁克林儿童博物馆和纽约科学馆的做法。

教室里的动手型展品

英国的博物馆已进行多年向学校出租展品和其他延伸服务的工作，如电信博物馆就在教室安装电信技术产品，以供教师在课堂教学时使用。其他许多博物馆也跟随这一趋势，开展流动科学博物馆项目（包括加迪夫科学博物馆的"工具箱"和科学项目慈善公司的"学校功课"项目）。[13]本小节便以诺丁汉的四台科技大篷车为例，探讨到底是学校正式课堂还是科学中心的环境更利于学习。

有固定场址的动手型科学中心的优势在于可以保证父母与孩子一起探索、发现和讨论，而培训有素的博物馆员工在学习过程中可以进行指导。这一体系在家庭这个占到观众量 3/4 的群体方面运行良好。以学校团体组织的方式参观儿童博物馆或科学中心无疑非常有趣且激励人心，但是为获得此机会并保障活动有序进行，教师必须提前进行严密的组织工作。如果没有成人来辅助在博物馆的参观和活动过程，以及回校之后没有巩固加深活动的话，很可能会给孩子留下科学是很神秘的东西这种印象，这就与博物馆本来的目标完全相悖了。正因为此，流动科学中心的理念就是希望在一个可控的环境里激发孩子们学习科学的热情，其中教师进行配合和辅助的工作。而这一活动也是以对课堂教学更深入的研究为基础的。在此我们要讨论的是，由博物馆提供课程材料支持的动手型展览进学校活动，比起教师带学生团队参加实体科学中心和儿童博物馆来说，是否更能将教师放在掌控学习环境的位置？如此，流动科学中心是否比实体中心对教师来说更具吸引力？

诺丁汉教育委员会与大诺丁汉培训与企业委员会（Greater Nottinghamshire Training and Enterprise Council）联合开发和资助的小学科技大篷车项目富有创造力，本项目一开始由这两家机构联合资助，但之后便依靠向学校收取租赁费用而实现自负盈亏。本项目的目的是：

1. 提供富有激发力的活动，使学生可以亲身体验和掌握科学现象。
2. 统筹科学仪器的使用，使各学校都能很好地利用科学仪器。
3. 与学校一起开发科学教育课程。

诺丁汉共有四台科技大篷车用来运输展品。不过组织方倾向于称其为"活动"。每台大篷车都有一个主题，包括 12～13 项活动内容，由当地科学顾问团与教师一起制定课程内容并提供课程材料。大篷车租赁项目一般以一周时间为单位，由专门提供博物馆展品租赁服务的大篷车载着展品和其他设施进学校。当然大篷车服务机构本身不与学生产生联系，将展品拖过去之后，就由学校的教师来负责项目运转了。但是大篷车服务机构会提供给教师一些如下的使用建议。

1. 可以在课堂的开始使用大篷车的展品引入话题，在课程结束时加深印象。
2. 可以以大篷车为中心开展科学活动周。
3. 可以举办科学活动晚会，邀请父母和政府人员一同参加，由孩子们来主导项目。
4. 可以作为联系小学生和高年级学生的桥梁。

本项目于 1993 年 11 月落地并开始试用。笔者以 1994 年 1 月至 6 月为限，针对使用科技大篷车的首批 25 所学校进行了量化研究和质性研究，旨在从教师的角度调查科技大篷车的使用情况和效果。

本项目的观众群体是小学的学生和特殊学校大一点的学生。3/4 的学校都反馈说科技大篷车成了他们整个学校活动的焦点，其中有一半的学校都举行了别开生面的科学周。几乎所有的学校都是将大篷车活动放在一个固定的地方（如大厅或空教室）举行，少部分学校会将特别的活动带回课堂进一步研究。学生团体在大篷车项目上花费的时间迥异，少则15分钟，多则2小时，不过平均花费时长为1小时，相当于在每个项目上平均花费5分钟（这比观众在动手型博物馆与科学中心的每个展项上花的时间长得多）。有3/4的学校表示学生们都有机会再次参观大篷车展品，他们平时也向学生开放，正式课堂中可能会利用科技大篷车，课间也可以去看，甚至放学后可以与家长一起参观和体验。正是因为这个再访机制的确立，使得公众对流动科学中心的评价远高于实体的科学中心。

调查中，教师对流动科学中心的意见很少有针对运营细节提出批评的。举例来说，几乎没有人抱怨说展品易损坏或需要维修（这点令人非常吃惊，因为大篷车所有的东西都是直接放在学校，由学校自主管理的）。对于操作上的困难只是来自便携仪器还是过于庞大，在原本拥挤的教室很难放下。就像我们所期待的一样，教师们认为有效的课程材料支持对他们来说非常重要，因为他们没有时间再准备创意方案。

调查中，关于成本效益问题获得了非常有趣的反馈。学校没想到以150磅（1994年）的入门价竟能租用一周时间。大部分教师认为这相对于去一趟博物馆参观来说性价比太高了，因为它能使更多的孩子参与到项目中来。不过也有教师认为虽然科技大篷车的性价比极高，但是还是不如去博物馆能体验到那种荣耀和振奋感。大多数教师认为参观博物馆能激发孩子学习科学的兴趣，而大篷车就只是像以另一种方式上学，所以给孩子的心理感受是很不一样的。再者，许多教师还强调带领孩子们出去一起参观博物馆的社会意义，这对于都市孩子来说，一起出行游玩的意义可能远比各种真正学到的知识更有价值。

教师们还反映，博物馆出行也带给他们很多困扰，在一个鼓励自由探索的环境里，教师分身乏术，无法时刻看好每一位学生，而他们又无法将孩子互动学习的效果完全依赖于起辅助作用的父母或博物馆展览解说员。教师们无疑更喜欢在教室可控的环境下进行互动式体验教学。这样他们能更好地掌控学习过程,也能让孩子们重复参观和参加大篷车的展品和活动。有的教师总结说:"在学校学习比在出游中学习更有效,而且在学校学习不需额外花钱。"

因此,诺丁汉的教师们认为小学科技大篷车意义重大,他们的评价有:"是一个非常棒的主题项目","太好了,继续办下去吧","能向其他的课程拓展吗?"。儿童博物馆与科学中心在孩子的学习过程中扮演着非常重要的角色,它们为经济条件和地理位置允许的孩子们开辟出一片在学校课堂之外丰富知识的领地。出于性价比和教师对学习环境掌控这两个因素的考虑,像诺丁汉科技大篷车这样的项目可能会在公众理解科学方面做出更重要的贡献。

英国博物馆的教育作用

英国在博物馆教育作用方面有着优良的传统,事实上,许多有关"动手运动"——从直接接触展品与科学现象中学习——的概念都源自英国的传统。由大卫·安德森(David Anderson)主导的调研项目——"共同财富"(*A Common Wealth*)调查了英国各类大小和类型的博物馆教育,调研报告称,毋庸置疑博物馆在教育领域,尤其是非正式教育领域发挥着独特的重要作用。[14]但是,尽管引用了许多博物馆教育的杰出案例,但这份报告还是发现,在传统型博物馆里实施教育活动总是不那么相宜。这份报告是英国在博物馆的教育方面最全面的调研,1996年发出的首批调查问卷收回566份,第二批调查问卷对210家表示开展了3项或以上的教育活动(给出了23项的教育活动范围)的博物馆进行调研,第二批调查问卷收回88份。调查发现,其中只有37%的博物馆说自己提供了三项或以上的教育活动,总共也只有51%的博物馆开展了任一类型的教育活动。只有23%的博物馆制定了教育政策,同时在注册过的博物馆中，只有 24％ 的员工配备了专门的教育专家。

英国有 375 家博物馆共提供了 755 个有关教育的就业岗位，这仅占到注册博物馆数量的 22％。教育专家的职位只占到博物馆就业职位的 3％。只有 25％ 的博物馆认为他们的教育职位的员工需要有教育学学位，而且事实上仅有 15％ 的人有教育学相关资质。在 40％ 以上的博物馆中，教育类职位的薪水比策展人员要低，而且大多数教育职位的地位也显得低人一等。只有 33％ 的博物馆对教育职位的员工进行展览策划或其他活动方面的学习有结构化的投入。

尽管 64％ 的受访者反馈说他们的上层领导认为教育是一项重要的服务内容，但是事实上博物馆管理层却将教育的地位排在藏品管理和展示之后。事实上 28％ 的博物馆认为教育是增值部分而不是博物馆的本质部分，还有 2％ 的博物馆认为教育没什么价值。很多博物馆是因为声称自己有教育方面的服务才拿到慈善资助的，他们的这种做法可以说是在侵犯有关慈善的法律规定。

博物馆提供的教育服务一般有：给学校的信息服务，给小学学龄儿童的服务，为成人提供的讲座和出版物等。而给学生和学龄前儿童的服务则在次要的考虑范围内，此外对少数民族、残疾人和失业人员的关照在议事日程中垫底。仅有 15％ 的博物馆有针对残疾人的政策，只有 7％ 的博物馆有多元文化政策。就算某项服务对少数群体也是开放的，但是也很少被这部分人群使用到。

总的来说，虽然博物馆在教育方面有许多优秀实践，但是，报告也指出其也难免面临很多困境。不同类型和大小的博物馆之间也不具有一致性。例如，两家有着相同类型展品的博物馆却提供完全不同类型的服务。这在很大程度上是因为在英国有关博物馆产品供给的规定无法可依。同时，许多博物馆起源于 19 世纪，是作为公共教育政策的实践工具存在的，经过一段时间的发展，博物馆作为公众学习场所的概念被弱化了。渐渐地，博物馆被视为为正式教育服务的特殊机构，通常被限制在给学校提供服务，而且也很少再进行收藏、保管和文档编制工作。[15]

英国与美国的博物馆教育对比研究

　　前文引用过的 ASTC 的调查无法与英国的情况进行直接的比较，因为 ASTC 的研究要比英国早 9 年，而且样本中只包含了美国的一部分动手型中心，还涉及一些传统型的博物馆和一些美国之外的博物馆。但是有一个结论是毋庸置疑的，那就是美国的科学中心和动手型博物馆以及 ASTC 调研的其他博物馆中，教育项目的流动性与广泛开展程度要远高于英国的传统博物馆。在科学中心和动手型博物馆中，教育目标始终放在决策的第一位。而在英国传统博物馆中，与藏品维护比起来教育始终处于次要的地位，而且教育经常被视为学校正式教育的补充，而不是一个独立的增值服务主体。这两个调查显示出的博物馆教育职位的人数差异就能体现出这点。美国的科学中心与动手型博物馆的教育职员远比英国的多，具体来说，美国有 19% 的带薪教育职位和 53% 的教育志愿者，相比而言，英国传统博物馆的带薪员工和志愿者加起来才占到员工职位的 3%。英国的调研发现只有不到 5% 的经费投入教育，而美国的这一数据为 27%。[16]

　　当然，在产品供给方面两个国家的博物馆也有一些相似之处。英国的调研显示其大部分教育项目都是针对小学生的，而对于多元文化背景和残疾人的考虑放在次要位置。而美国的调查也显示博物馆服务最多的对象也是小学生，其次是初中生和高中生，再次便是少数民族群体和女性，只有少数项目是针对残疾人士的。[17] 就学校市场这一块而言，美国学生团体参观科学中心数量占到总参观量的 24%，比英国科学中心的数据（25%～40%）略低，但是相对英国博物馆的总体情况（具体数据在共同财富报告中没有体现，但估计平均低于 15%，不同博物馆在 5% 到 50% 之间浮动）而言却略高。[18]

　　美国的科学博物馆引领着博物馆服务既针对学校，也针对普通大众的潮流。1980 年开始，这一趋势更为明显，博物馆既向学校也向公众领域扩展服务项目，且将观众群体拓展到少数民族群体、5 岁以下的孩子以及老人,并开始寻求与其他教育的和非教育的社区组织合作,同时力争成为科学技术的信息库,且帮助提倡终身教育理念。[19]

英国博物馆教育的未来图景

虽然共同财富报告显示出英国博物馆教育方面令人沮丧的现状,但它还表明:未来博物馆及其教育与动手型博物馆和科学中心的理念高度相似。大卫·安德森认为教育是博物馆赖以生存的基石,教育是博物馆的内在本质,是推动一切活动的根本。在未来新的博物馆中,教育职位的员工要参与展品开发、研究和评估也将成为博物馆工作不可或缺的部分。作为一个资源丰富的学习空间,博物馆提供的一手体验式学习、对藏品实物和科学现象的真实感受是博物馆最无可取代的部分,但是博物馆也承认新的展示技术,可以作为鼓励成人与儿童观众自由探索的手段。新的展示科技的利用可以使观众对博物馆有新的认知,可以吸引更多的观众,进一步在文化发展和经济发展中发挥更积极的作用,反过来,这也会使博物馆获得更多的公众资助,形成良性循环。这类博物馆的发展趋势也是随公众需求而不断进化的,从更广泛的层面看其发展趋势受到非正式教育运动和自主学习观念的影响。博物馆作为教育实体有其存在的理由,这个理由不是作为学校教育的附庸,而是为了博物馆教育本身。[20]

总之,大卫·安德森描述了英国传统博物馆开始吸纳动手型博物馆的理念,将观众的需求放在决策考虑首位的事实。当然,作为传统博物馆,有收藏、保存和整理的义务,但是博物馆的未来可能是将一系列内容——藏品、动手型展品、新技术、现场演示和特别节目——联合起来,从而帮助观众理解自己所生活的环境。下一章将仔细研究这一观点,并探讨动手型博物馆与科学中心未来可能的走向。

注 释

1 V. Middleton, *New Visions for Independent Museums in the UK*, Chichester:

Association of Independent Museums, 1990, p. 34.

2 P. Lewis. 'Marketing to the local community', unpublished conference paper quoted in S. Davies, *By Popular Demand*, London: Museums and Galleries Commission, 1994, p. 60.

3 S. McCormick (ed.), *The ASTC Science Center Survey: education report*, Washington, DC: ASTC, 1988; M. St. John and S. Grinell, *Highlights of the 1987 ASTC Science Center Survey: an independent review of findings*, Washington, DC: ASTC, 1989.

4 Ibid., pp. 1-14.

5 Ibid.; S. McCormick, op. cit., p. 11.

6 Ibid., pp. 12-13.

7 Ibid., p. 13.

8 P. Steuert, *Opening the Museum: history and strategies towards a more inclusive institution*, Boston: The Children's Museum, 1993.

9 Much of the information in this section has been derived from field research by the author, and from annual reports and promotional material published by the museums cited.

Additional information on youth programmes has been obtained from 'Leadership in youth museum programs for adolescents', *Hand to Hand*, 6, 4, 1992, pp. 1-7.

10 N. Marriott, 'Walk this way', *Times Educational Supplement*, 2.7.93.

11 J. Davison, 'A night of science', *Journal of Education in Museums*, 14, 1993, pp. 15-16.

12 Interview with Colin Johnson, Deputy Director, Techniquest, 30.10.96.

13 C. O'Grady, 'Giving them the works', *Times Educational Supplement*, 2.7.93.

14 D. Anderson, *A Common Wealth: museums and learning in the United Kingdom*, London: Department of National Heritage, 1997, p. v.

15 Ibid., pp. 1-19.

16 Ibid., p. 14; S. McCormick, op. cit., pp. 12-13.

17 Ibid., p. 1.

18 S. Davies, *By Popular Demand: a strategic analysis of the potential for museums and galleries in the UK*, London: Museums and Galleries Commission, 1994, p. 60.

19 M. St. John and S. Grinell, op. cit., pp. 18-19.

20 D. Anderson, op. cit., pp. 1-10.

第九章
动手型展览的未来

本章着重思考在面对日益激烈的竞争、公共补贴的减少和新技术层出不穷的情况下动手型展览的未来。虽然互动运动的最大优势是其多样性,但是如果动手型博物馆和科学中心想要跟商业休闲部门相区分,并实现更广泛的社会意义和教育目标,就必须采取有效的管理措施。

不管是传统博物馆还是动手型博物馆都是日益复杂的休闲市场的一部分,都需和其他目的迥异的休闲设施一同在公共、私人和志愿部门展开竞争。遗产遗址景点也不例外,在英国报告称近年参观博物馆的人数在上升的同时,旅游景点数目上升得更快。研究表明,能满足家庭集体出游需求,而且教育与休闲相结合的地方对观众吸引力最大。这从一方面说明了为什么 1960 年以后的美国,以及 1985 年后的英国和欧洲动手型博物馆和科学中心开始繁荣。

同时,传统博物馆也开始模仿动手型博物馆与科学中心重新设计展品,目的是一方面争取一些观众份额,另一方面也加强展览的教育效果。数据显示,休闲市场对观众的竞争已非常激烈,许多博物馆(包括一些动手型博物馆)也面临着观众量停滞不前或下降的状况,同时这些博物馆获得的公共资助也在削减。因此,博物馆不仅获得的资助减少,且从其传统活动的盈利也在减少。英国的市场竞争更加激烈,在本就拥挤的市场基础上,英国国家福利彩票还不断支持新的休闲景点的建立。尤其是随着科学技术的不断发展,或许出现第三代的游乐景点也未可知，这将对如今的博物馆与休闲产业都造成一定的影响。1996年美国ASTC的年会就将主题定为"科技进步与经济环境的改变：科学中心与博物馆面临的主要挑战"。[1]

因此，休闲市场的不确定性也带给了动手型博物馆与科学中心很大的压力，具体表现如下。

1. 许多的传统博物馆开始采纳动手型展览的做法。
2. 商业休闲景点在与博物馆竞争观众市场。
3. 技术的进步为博物馆和商业休闲设置都提供了新的展示机会。
4. 公共资助的削减使得非营利性机构也不得不加强盈利概念。

曾几何时，传统博物馆拥有的观众量占绝对主导地位。因此策展人没有意愿去关心观众的需求，藏品保护才是首位，而且公共资助也有保障。这样的背景产生的第一代博物馆的特点是以藏品为中心且由政府资助，旨在进行正式教育。它们也不定位自己针对的观众群体，而是通常采用诸如"向每一个人开放"这样模糊的定义。如果这一代博物馆有做绩效考评的话，那也只能由收到的批评意见和观众量来决定（但是由于这样的博物馆通常是免费的，因此有多少真正意义上的观众也未可知）。而在另一端，主题公园却采取了完全不一样的路径，它以盈利为目的，有着完全不一样的目标观众定位。事实上，迪士尼乐园经营的十条训诫的第九条便是"ounce of treatment－ton of treat"，也就是说，如果教育的信息在园里表现得无趣，那么教育信息就应该被削弱。[2]

第二代博物馆——动手型中心——在许多层面都在挑战传统的博物馆和商业休闲中心。动手型中心的成功在于它证实了教育和休闲可以不用完全对立。动手型博物馆与科学中心也可以在保证历史的真实性和科学准确性的基础上提供令人兴奋的、有创意且有趣的展品。动手型中心的观众量增加也证实了公众是欢迎既能打发家庭时光，又能学到东西的地方。面对来自动手型博物馆的威胁，许多传统型博物馆也开始吸纳动手型博物馆的理念和做法，这样一来就使得市场竞争更加白热化。

第一代和第二代博物馆事实上在竞争同一类观众群体，它们的基本目标也是相似的，主要的不同不是目标而是手段。很显然，传统博物馆的核心功能是藏品收藏和保护，虽然儿童博物馆和科学中心的主要功能不在于此，但是，不管它们做不做收藏，其最基本的目的都是提高公众对实物实象的了解。虽然展品诠释手段会随着时间和科技的发展而变化，但是博物馆与科学中心作为非正式教育机构，致力于提高公众对实物实象和现象的理解这一根本目标始终不变。在展示手段上，动手型展品替代了原来的玻璃罩子，建构式展览取代原来的说教型展陈，但是其终极目标——将真实的世界本质诠释给观众却始终如一。本质的东西，而非手段，才是最重要的。

由于大多数博物馆是属于公共或非营利部门管辖的，它们的目标都是教育，而非商业营利，所以第一代博物馆与第二代博物馆的区别不像与商业休闲机构和一般博物馆的区别那么大。然而，为了应对财政补贴的缩减，博物馆不得不采取一些商业措施来谋利，这样一来动手型博物馆与商业休闲中心的区别在观众眼里就没那么明显了。例如，至少有两家英国的动手型博物馆就打算修建动感影院，以此来获取一部分利润。有些美国博物馆和科学中心还建设了 IMAX 影院，就像有些批评意见所指出的，这些博物馆为了盈利会把摇滚音乐片当科学影片播放。[3] 而且博物馆需要越来越大幅度地从商业行为中谋利。在美国，随着公共资助的减少，动手型博物馆自身盈利部分甚至占到 80% 以上。在激烈的市场环境中赚取利润的需求给动手型博物馆与科学中心带来了一定压力，甚至会导致许多互动科学中心忘了初衷：事实上，费城弗兰克林学院就被认为是介于主题公园和托儿所中心的一个博物馆机构。[4]

在许多方面，动手型博物馆带给商业休闲产业的威胁并不大，因为博物馆是个高人力投入、高运营成本的产业，作为非正式教育机构，它与主题公园只关心在可控的环境中产生大量的游客吞吐量完全不同。如果动手式学习是可行的，那主题公园在多年前就已抓住这一商机了。由于英国的教师必须完成国家规定的课程需求，不能只是在学期末才带领团体去一次博物馆。而主题公园不能忽视教育市场，因为学生团体通常是在普通观众少的时候到访，这就能在一定程度上抵消人流少时的高运营成本损耗。博物馆的目标之一是提升学校学生这块市场，通常他们会提供课程材料来加强教育目标，但他们的宗旨并非是通过引入动手式学习而改变自己的核心产品。

虽然主题公园也并没有走上提供互动教育空间的道路，但商业性休闲产业在其他方面学习博物馆领域的做法，如建设商业性水族馆和家庭娱乐中心。在大西洋两岸，家庭和儿童娱乐设施的迅速发展由许多娱乐机构的建立可见一斑，如娱乐工厂（Fun Factory）、探索区（Discovery Zone）、儿童星球（Planet Kids）、娱乐星球（Planet Fun）和活动站（Action Stations），都发现了在娱乐中学习这块市场的商机。[5]它们融合了玩乐和安全要求的元素，吸引了大量的儿童顾客，使他们一般会在短时间逗留一小时。与动手型博物馆不同，在主题公园很少需要父母辅助孩子，父母通常可以去咖啡馆或特地安排的电脑区（成人通常也免费）待着。主题公园非常注重承办生日会和会员特别活动这块市场，因为这会吸引回头客。虽然这些中心也考虑教育的需求，但是教育不是它们的首要目的；商业运营的成功才是它们最根本的目的，而且如果一旦儿童在娱乐中学习这块市场不再盈利，那么其他产品将很快取代它们。

商业性休闲产业和博物馆界的运营有许多的交集，这会让潜在的观众感到困惑，而且这两类机构的优缺点显然也容易被混淆。美国 ASTC 的会员博物馆之间曾就此问题进行讨论：动手型博物馆这样的非营利性非正式教育机构若是与盈利行为完全区分开，是否还能生存。而有些评论者认为动手型博物馆必须与商业性主题公园区分开来，如果动手型博物馆不想失去自己独特的身份特质和原初目标，那么就需要突出自己与商业娱乐本质的区别。[6]由于动手型中心越来越需要从商业行为中获利，因此衡量它们成功与否的指标也主要是看它们是否满足了观众的娱乐和学习的需求。在商业运营中，一些家庭娱乐中心和水族馆也会强调自己的教育目标，一般来说娱乐和教育目标二者是互相排斥的，从而唯一的考评它们的标准也只能是对运营者或股东来说经济收入如何。观众的愉悦程度是商业性娱乐设施运营者首要考虑的,因为这决定了会不会有回头客以及这些观众会不会将此地推荐给他们的朋友。与之相比,社会和教育目标则不是重要的考量指标。主题公园确实有的开发了课程材料,但初衷是防止客流量减少的一个市场措施,而不是说它们从根本使命上做出了改变。

动手型博物馆与科学中心的最大优势便在于它们能提供真实的场景体验。不管这个博物馆是以科学藏品收藏为主,还是以历史遗迹抑或现象的展示为主,动手型博物馆与科学中心提供的"真实"的体验使得它们在众多的主题公园中具有独特的优势。而且在动手型博物馆中,观众能自己挑选项目去体验,并自己掌握和控制活动的节奏。因此,观众的体验是通过与展品的互动中得到的独特经历,而在主题公园中,所有的活动都是预先设定好的,要么刺激、恐怖或兴奋,每位游客的体验都是相似的。

总之,尽管动手型博物馆与商业休闲机构之间的边界在不断模糊,但是动手型博物馆始终不能忘记自己的初级目标,那就是经济上可行。事实上,差异化正是动手型博物馆能体现自身优势的地方。动手型博物馆不仅需要专注自身的使命,还要更有效的与观众进行交流沟通,毕竟传统博物馆、商业性主题公园和家庭娱乐中心作为动手型博物馆的竞争对手,都在想方设法给观众提供独特的体验,要让观众愿意花时间和金钱在动手型博物馆里,是有很大挑战的。

在博物馆界,众多关于第三代博物馆趋势的讨论认为其将是与尖端科技相结合。来自美国的一位评论家预言:25年之内博物馆将大变样,博物馆首要的功能不再是收藏和藏品阐释,而是作为巨大的存储仓库,保存有关人类集体智慧和地球历史的人工制品,同时会采用多媒体的手段来保存视频、音乐、舞蹈和故事材料。因此,博物馆、图书馆、档案馆、学校、购物中心、公园、动物园、美术馆及表演艺术空间之间的边界都会变得模糊,事实上,我们甚至足不出户就能在网上逛博物馆等这些机构。这种混合杂陈的趋势已经开始了,许多的博物馆也开始吸纳非传统博物馆的一些特征，进一步的变革已在所难免。[7]同样，在英国学者大卫·安德森的眼里，博物馆的概念在未来将变得更加宽泛，博物馆将在社区发展中扮演更积极的角色，在更广泛的文化意义层面是支持了非正式教育和自主学习。[8]因此，新技术为博物馆增加营业收入提供新的可能性，丰富了博物馆的形式，但同时也要求博物馆比以往更加专注于自己的目标，才能为公众提供更优质的服务。

博物馆如何融合吸收新技术还很难下定论。目前新技术已经可以将博物馆用虚拟形式搬到网上或光盘上，而且通过虚拟现实技术可以在考古遗址上还原当时的场景，且不会对历史遗址造成任何伤害。数据库可以让观众方便地查询到博物馆库房的藏品信息，而又保证不会对藏品产生破坏或遭到小偷入侵，甚至公众不用出门在自家就能逛博物馆。当观众按自己的兴趣走进某个展厅的时候，还能收到特别推荐的导览。[9]这样一些创新变革在不久的几年内就能实现，未来还有无限的可能性，只要设计师敢想象，就有可能实现。

第一代和第二代博物馆都是"内容驱动"(content-driven)型的，都是基于对真正的厂址、物体和现象进行阐释来进行的。而随着新技术的发展，博物馆的聚焦点存在从真实世界搬到虚拟世界的危险。[10]同样，第二代博物馆也开始吸纳动手型展品来帮助观众更好地理解藏品和过程，新技术必定会在展示技术创新上发挥作用。技术，不管是以动手型展品还是电脑屏幕的形式在博物馆发挥作用，都是博物馆员与观众交流的工具，而不是最终产品。商业性休闲产业也将新技术运用到它们的休闲产品中，利用新技术的新价值在产品短暂的生命周期中获得更高的投资回报率。但是，博物馆界必须忠于自己最初的承诺——给观众展示实物实象，因此不能像商业娱乐中心一样利用新技术，不然很难在市场中凸显自己的优势，实现教育和社会目标。

未来的博物馆将可能采取多样的展品诠释设备和技术来帮助公众理解这个世界。每一种展示工具都有其自身的优势和弱势，因此应该有选择性的运用。若博物馆经不住新技术的引诱，运用不得当，就会面临新

第九章 动手型展览的未来

技术很快过时的风险，而且还很可能出现新时代的儿童反虚拟现实，反而要求回归传统的用玻璃罩子罩着的静态展示博物馆。即使有人指出这样的趋势会产生：儿童不再轻易受到展品用新技术呈现的特殊效果的刺激，而对于传统展馆的兴趣在回归。[11]但目前还是没有任何证据能支撑这一预言。

从动手型博物馆与科学中心的研究中，我们能获得这样的启发：建设或管理一个博物馆没有统一的标准模式。正是因为各种各样的游览场所、休闲产业满足了大众多样化的需求，公众的要求变得更高，因此展品怎么创新也不为过。近几年，英国的慈善基金、国家福利彩票、欧共体的资源和一些商业性赞助商纷纷为新博物馆建设项目提供资金。为新项目筹集资金并不难，难的是如何长期维持其经济稳定性，正因为此，千禧年委员会和文化遗产彩票基金对所投项目远期规划的要求非常严格。

在公共财政补贴大量缩减的时代，博物馆保持经济稳定性的关键在于合理的商业规划，要在核心产品开发的每一个阶段进行严格评估，精确定位目标市场。其后，要在市场、财务、运营和人力资源管理各个方面优化，才能保障客流量和观众满意度，从而才能使得动手型博物馆区别于其他的商业休闲设施，实现其教育和社会目标。教育的和社会的目标是动手型博物馆未来必须要坚持的，并要将此理念有效地传递给目标客户及资金支持机构。动手型博物馆要想在日益激烈的市场竞争中立于不败之地，就必须采取高效的管理手段。只有这样动手型博物馆才能实施各种活动项目从而确保展览吸引更多的观众，让观众乐意与展品互动，并理解实物实象其中的意义。

注　释

1 A. Porter,'Touching minds, changing futures', British Interactive Group, *Newsletter*, winter 1996, p. 5.

2 A. Friedman,'Differentiating science-technology centers from other leisure-

time enterprises', unpublished paper presented at ECSITE Conference, 10. 10. 95.

3 Ibid.

4 J. Gardner, the *National Review* art critic, 1995, quoted in ibid.

5 J. Gilling, 'Inside looking out', *Leisure Management*, Aug. 1995, pp. 23-4; E. Schwartzman, 'The family way', *Leisure Management*, Feb. 1995, pp. 71-4; T. Silberberg and G. D. Lord, 'Increasing self-generated revenue: children's museums at the forefront of entrepreneurship into the next century', *Hand to Hand*, 7, 2, 1993, pp. 1-5.

6 A. Friedman, op. cit.

7 E. Gurian, 'The blurring of the boundaries', unpublished paper presented at Education for Literacy Conference, Science Museum, 9. 11. 94.

8 D. Anderson, *A Common Wealth: museums and learning in the United Kingdom*, London: Department of National Heritage, 1997, pp. 1-10.

9 Infotech, *Sunday Times*, 9. 3. 97.

10 I. Simmons, 'Talking' bout third generation', British Interactive Group, *Newsletter*, winter 1996, p. 10.

11 R. Powys-Smith, 'Roaring into action', *The Leisure Manager*, Feb. / Mar. 1995, pp. 20-2.

精选文献[①]

Anderson, D., *A Common Wealth: museums and learning in the United Kingdom*, London: Department of National Heritage, 1997.

Belcher, M., *Exhibitions in Museums*, Leicester University Press: Leicester, 1991.

Bicknell, S., 'Here to help: evaluation and effectiveness', in Hooper-Greenhill, E. (ed.), *Museum, Media, Message*, London: Routledge, 1995, pp. 281-93.

Bicknell, S. and Farmelo, G. (eds), *Museum Visitor Studies in the 90s*, London: Science Museum, 1993.

Bicknell, S. and Mann, P., 'A picture of visitors for exhibition developers', in Hooper-Greenhill, E. (ed.), *The Educational Role of the Museum*, London: Routledge, 1994, pp. 195-203.

British Interactive Group, *Handbook 1*, 1995.

Brooklyn Children's Museum, *Doing It Right: a guide to improving exhibit labels*, Washington, DC: AAM, 1989.

Cleaver, J., *Doing Children's Museums*, Charlotte, VT: Williamson, 1992.

---

① 精选文献为原书第143～145页内容，不做修改。——编辑注

Danilov, V. J., *Science and Technology Centers*, Cambridge, MA: MIT Press, 1982.

Davies, S., *By Popular Demand: a strategic analysis of the market potential for museums and galleries in the UK*, London: Museums and Galleries Commission, 1994.

Diamond, J., St. John, M., Cleary, B. and Librero, D., 'The Exploratorium's Explainer Program: the long-term impacts on teenagers of teaching science to the public', *Science Education*, 71, 5, 1987, pp. 643-56.

Dierking, L. D., 'The family museum experience: implications from research', *Journal of Museum Education*, 14, 2, 1989, pp. 9-11.

Dierking, L. D. and Falk, J. H., 'Family behavior and learning in informal science settings: a review of the research', *Science Education*, 78, 1, Jan. 1994, pp. 57-72.

Durant, J. (ed.), *Museums and the Public Understanding of Science*, London: Science Museum, 1992.

Falk, J. H. and Dierking, L. D., *The Museum Experience*, Washington, DC: Whalesback Books, 1994.

Fisher, S., 'Bringing history and the arts to a new audience: qualitative research for the London Borough of Croydon', unpublished research by the Susie Fisher Group, 1990.

Freeman, R., *The Discovery Gallery: discovery learning in the museum*, Toronto: Royal Ontario Museum, 1989.

Gardner, H., *The Frames of Mind: the theory of multiple intelligence*, New York: Basic Books, 1983.

Gardner, H., *The Unschooled Mind: how children think and how schools should teach*, New York: Basic Books, 1991.

Grinell, S., *A New Place for Learning Science: starting and running a science center*, Washington, DC: ASTC, 1992.

Guichard, J., 'Designing tools to develop the conception of learners', *International Journal of Science Education*, 17, 2, 1995, pp. 243-53.

Hanna, M., *Sightseeing in the UK*, London: BTA/ETB Research Services, annual series.

Hein, G. E., 'The constructivist museum', *Journal of Education in Museums*, 16, 1995, pp. 21-3.

Hein, G. E., 'Evaluation of programmes and exhibitions', in Hooper-Greenhill, E. (ed.), *The Educational Role of the Museum*, London: Routledge, 1994, pp. 306-12.

Hill, E., O'Sullivan, C. and O'Sullivan, T., *Creative Arts Marketing*, Oxford: Butterworth-Heinemann, 1995.

Hood, M., 'Getting started in audience research', *Museum News*, 64, 3, 1986, pp. 24-31.

Hood, M. 'Staying away: why people choose not to visit museums', *Museum News*, 61, 4, 1983, pp. 50-7.

Jackson, R. and Hann, K., 'Learning through the Science Museum', *Journal of Education in Museums*, 15, 1994, pp. 11-13.

Jones, A., 'The role of unpaid staff in hands-on centres', British Interactive Group, *Newsletter*, autumn 1993, pp. 4-5.

Kennedy, J., *User Friendly: hands-on exhibits that work*, Washington, DC: ASTC, 1994.

Lewin, A. W., 'Children's museums: a structure for family learning', *Marriage and Family Review*, 13, 3-4, 1989, pp. 51-73.

McCormick, S. (ed.), *The ASTC Science Center Survey: administration and finance report*, Washington, DC: ASTC, 1989.

McCormick, S. (ed.), *The ASTC Science Center Survey: education report*, Washington, DC: ASTC, 1988.

McLean, F., *Marketing the Museum*, London: Routledge, 1997.

McManus, P. , 'Families in museums', in Miles, R. and Zavala, L. (eds), *Towards the Museum of the Future*, London: Routledge, 1994, pp. 81-97.

McManus, P. , 'Towards understanding the needs of museum visitors', in Lord, B. and Lord, G. D. (eds), *Manual of Museum Planning*, London: HMSO, 1991, pp. 35-51.

McManus, P. , 'Watch your language! People do read labels', in Serrell, B. (ed.), *What Research Says about Learning in Science Museums*, Washington, DC: ASTC, 1990, pp. 4-6.

Mulberg, C. and Hinton, M. , 'The Alchemy of Play: Eureka! The Museum for Children', in Pearce, S. (ed.), *Museums and the Appropriation of Culture*, London: Athlone Press, 1993, pp. 238-43.

Nuffield Foundation, *Sharing Science: issues in the development of the interactive science and technology centres*, London: British Association for the Advancement of Science, 1989.

Oppenheimer, F. , 'Exhibit concept and design', in *Working Prototypes*, San Francisco: The Exploratorium, 1986, pp. 5-15.

Palmer, A. , *Principles of Service Marketing*, Maidenhead: McGraw Hill, 1994.

Peirson Jones, J. (ed.), *Gallery 33: a visitor study*, Birmingham: Birmingham Museums and Art Gallery, 1993.

Pizzey, S. (ed.), *Interactive Science and Technology Centres*, London: Science Projects Publishing, 1987.

Quin, M. , 'Aims, strengths and weaknesses of the European science centre movement', in Miles, R. and Zavala, L. (eds), *Towards the Museum of the Future*, London: Routledge, 1994, pp. 39-55.

Quin, M. , 'The Interactive Science and Technology Project: the Nuffield Foundation's launchpad for a European collaborative', *Inter-*

national Journal of Science Education, 13, 5, 1991, pp. 569-73.

Quin, M., 'The Exploratory pilot, a peer tutor? —the interpreter's role in an interactive science and technology centre', in Goodlad, S. and Hirst, B. (eds), *Explorations in Peer Tutoring*, Oxford: Blackwell, 1990, pp. 194-202.

Quin, M., 'What is hands-on science, and where can I find it?', *Physics Education*, 25, 1990, pp. 243-6.

Russell, T., 'The enquiring visitor: usable learning theory for museum contexts', *Journal of Education in Museums*, 15, 1994, pp. 19-21.

Screven, C. G., 'Uses of evaluation before, during and after exhibit design', *ILVS review*, 1, 2, 1990, pp. 36-66.

SEARCH, *Going Interactive*, Hampshire County Museums Service/ South Eastern Museums Service, 1996.

Serrell, B., *What Research Says about Learning in Science Museums*, Washington, DC: ASTC, 1990.

Silberberg, E. and Lord, G. D., 'Increasing self-generated revenue: children's museums at the forefront of entrepreneurship into the next century', *Hand to Hand*, 7, 2, 1993, pp. 1-5.

Stephenson, J., 'The long-term impact of interactive exhibits', *International Journal of Science Education*, 13, 5, 1991, pp. 521-31.

Steuert, P., *Opening the Museum: history and strategies towards a more inclusive institution*, Boston: The Children's Museum, 1993.

St. John, M. and Grinell, S., *Highlights of the 1987 ASTC Science Center Survey: an independent review of findings*, Washington, DC: ASTC, 1989.

Swift, F., 'Time to go interactive', *Museum Practice*, 4, 1997, pp. 23-31.

Taylor, S., *Try It! Improving exhibits through formative evaluation*, Washington, DC: ASTC, 1992.

Thomas, G., 'How Eureka! The Museum for Children responds to visitors' needs', in Durant, J. (ed.), *Museums and the Public Understanding of Science*, London: Science Museum, 1992, pp. 88-93.

Thomas, G., "'Why are you playing at washing up again?" Some reasons and methods for developing exhibitions for children', in Miles, R. and Zavala, L. (eds), *Towards the Museum of the Future*, London: Routledge, 1994, pp. 117-31.

Thomas, G. and Caulton, T., 'Communication strategies in interactive spaces', in Pearce, S. (ed.), New Research in Museum Studies: Vol. 6 *Exploring Science in Museums*, London: Athlone Press, 1996, pp. 107-22.

Thomas, G. and Caulton, T., 'Objects and interactivity: a conflict or a collaboration', *International Journal of Heritage Studies*, 1, 3, 1995, pp. 143-55.

Trevelyan, V. (ed.), 'Dingy places with different kinds of bits: an attitudes survey of London museums amongst non visitors', London: London Museums Service, 1991.

Wood, R., 'Museum learning: a family focus', *Journal of Education in Museums*, 11, 1990, pp. 20-3.

索 引[1]

A

埃尔斯卡探索中心，巴恩斯利　Elsecar Discovery Centre, Barnsley 42, 69, 70, 72

安大略科学中心　Ontario Science Centre 4, 109

A·琼斯　Jones, A 116

B

巴克斯顿　Buxton 14

巴黎维莱特科学城创新馆　Inventorium (La Villette), Paris 4, 48, 49, 94, 109, 112

比米什露天博物馆　Beamish Open Air Museum 88

波士顿儿童博物馆　Boston Children's Museum 5, 19, 69, 109, 110-111, 112, 118, 123-125；

也见：M·史波克　see also Spock, M.

波士顿科学博物馆　Boston Museum of Science 111, 112, 118, 127

伯明翰博物馆和艺术馆　Birmingham Museums and Art Gallery 4, 47；

伯明翰探索中心　Birmingham Discovery Centre 71；

科学之光　Light on Science 71, 86, 109, 115

博物馆教育　museum education 120-133

---

[1] 根据原书第146～151页索引改编而成，改用中文音序重排，并根据具体内容对个别条目做了增删归并。条目中页码系原书页码、中译页边码。——编辑注

博物馆物件（动手型展品） museum objects (and hands-on exhibits) 34-36；

　　也见：设计 *see also* design

博物馆学徒项目 Museum Apprentice Programme 125，127

博物馆学习 museum learning 17-38；

　　也见：个人语境，物理语境，社会语境 *see also* personal context, physical context, social context

布里斯托尔 2000 Bristol 2000 15-16，70；

　　也见：布里斯托尔探索中心，科学世界 *see also* Exploratory, Science World

布里斯托尔探索馆 Exploratory, Bristol 4，9，15-16，41，59-60，63-68，69，70，71，72，85，86，88，109，115，126；

　　也见：布里斯托尔 2000，R·格列高利，科学世界 *see also* Bristol 2000, Gregory, R., Science World

布鲁克林儿童博物馆 Brooklyn Children's Museum 5，19，36，112，119，124-125，127

BIG 见英国互动组织 BIG *see* British Interactive Group

C

财务 finance 57-74

产品生命周期 product life-cycle 12-16，62，64，74，88，125

场地费 site costs 72

初级市场 primary market 82-83

传播策略 communication strategies 26-34

慈善机构见克罗尔基金；盖茨比基金；莱弗休姆信托基金；纳菲尔德基金；圣伯里家族基金；薇薇安·达菲尔德基金 charitable institutions *see* Clore Foundation; Gatsby Foundation; Leverhulme Trust; Nuffield Foundation; Sainsbury family; Vivien Duffield Foundation

促成员 enabling staff 109-119

促销 promotion 88-91

重叠市场 overlapping markets 85-86

D

大曼彻斯特科学与工业博物馆 Greater Manchester Museum

of Science and Industry 11, 83-84；

也见：大曼彻斯特科学与工业博物馆展区 *see also* Xperiment!

大谢菲尔德探索馆 Great Sheffield Exploratory 69

大英铁路博物馆，约克郡 National Railway Museum, York 101

丹佛儿童博物馆 Denver Children's Museum 5, 29, 44, 87

当前市场 current market 10-12

迪士尼 Disney 7-8, 135

电厂，埃尔斯卡 Power House, Elsecar 42, 69, 70, 72

定义 definitions：

儿童博物馆 Children's museum 6；

动手型展品 hands-on exhibit 2；

互动式展品 interactive exhibit 2

队列 queues 95-97

东南部博物馆服务委员会 South Eastern Museums Service 115

动手型展品的定义 hands-on exhibit definition 2

D·安德森 Anderson, D. 130-133, 138

E

儿童博物馆 children's museums：

定义 definition 6；

起源 origin 4-6

儿童探索中心 Children's Discovery Centre 69；

也见：尤里卡儿童博物馆 *see also* Eureka!

儿童星球 Planet Kids 137

二级市场 secondary market 84

E·费赫尔 Feher, E. 22, 37

F

发射台 Launch Pad 4, 11, 12, 21, 54, 59, 70, 94, 109, 114

发现宫，巴黎 Palais de la Découverte, Paris 3

发现屋 Discovery Domes 4, 9, 42, 69

方向 orientation 27, 52-53

观众调查 visitor surveys 45-46

飞行实验室 Flight Lab 21, 59

非访问者调查 non-visitor surveys 46；

富兰克林学院，费城 Franklin Institute, Philadelphia 3, 23,

136

F·埃文斯 Evans, F. 40

F·奥本海默 Oppenheimer, F. 3, 4, 19, 41, 110;

 也见：探索馆 see also Exploratorium

F·福禄培尔 Froebel, F. 18

G

盖茨比基金 Gatsby Foundation 6, 70, 126

格式风车坊，诺丁汉 Green's Mill, Nottingham 13-14

个人语境 personal context 18-22;

 也见：博物馆学习 see also meseum learning

公众理解科学委员会 COPUS 9, 69, 126

 也见：英国科学促进会，英国皇家研究院，皇家学会 see also British Association for the Advancement of Science, Royal Institution, Royal Society

共同财富 A Common Wealth 130-133, 138

"故宫"博物院，台湾 National Palace Museum, Taiwan 26

故障 breakdowns 102-104

光项目 Light Works 9, 69

国家海洋博物馆，伦敦 National Maritime Museum, London 36, 70

G·托马斯 Thomas, G. 48, 108

H

汉普郡博物馆服务委员会 Hampshire County Council Museum Service 115

互动式科技工程 Interactive Science and Technology Project 9, 69

互动式展品定义 interactive exhibit definition 2

皇家安大略博物馆 Royal Ontario Museum 35

皇家学会 Royal Society 9, 69, 71;

 也见：公众理解科学委员会 see also COPUS

绘画与书写技巧 draw-and-write techniques 49-50

毁灭 burn-out 115-116;

 也见：促成员 see also enabling staff

活动站 Action Stations 137

H·加德纳 Gardner, H. 20, 37

J

技术试验台，利物浦 Technology Testbed, Liverpool 109

加迪夫科学博物馆 Techniquest, Cardiff 4，6-8，9，12，15，16，42，59-68，69-70，72，80-81，85，86，87，88，94，101，102，109，115，118，127；

也见：J·比特斯通 see also Beetlestone, J.

加拉加斯儿童博物馆 Museum de Los Niños, Caracas 32

家庭学习 family learning 22-28

家庭娱乐中心 family entertainment centres 137

价格 price 86-88

建构主义 constructivism 36-38

建筑成本 building costs 72-73

健康教育机构 Health Education Authority 48

教育市场 educational market 83-84

教育项目 educational programmes 120-133

教育学语境 educational context 17-38

解说员 interpretation staff 109-119

旧金山探索馆 Exploratorium, San Francisco 3，4，19，41，42，109，110，111，115，117，118，126

J·比特斯通 Beetlestone, J. 6-7, 40；

也见：加迪夫科学博物馆 see also Techniquest

J·戴蒙德 Diamond, J. 24

J·福克 Falk, J. 24, 25, 108

J·皮亚杰 Piaget, J. 18-20, 37

J·史蒂芬森 Stephenson, J. 21-22

K

凯勒姆岛博物馆，谢菲尔德 Kelham Island Museum, Sheffield 69

科尔切斯特博物馆 Colchester Museums 115，117

科学技术中心协会 Association of Science and Technology Centers（ASTC）4，8，11，57，60，66，68，73，108-109，112，116，122-123，131-132，134，137

科学世界 Science World 15-16, 64, 71

科学项目 Science Projects 4, 42, 127

科学之光，伯明翰 Light on Science, Birmingham 71，86，109，115

科学周 Science Week 126

克利夫兰儿童博物馆 Cleveland Children's Museum 87

克利索普斯发现中心 Cleethorpes Discovery Centre 24，47

克罗尔基金 Clore Foundation 69-70

L

莱弗休姆信托基金 Leverhulme Trust 4，70

联系成人与儿童 integrating adults and children 27-28；也见：设计，家庭学习 see also design, family learning

流动动手型展览 travelling hands-on exhibitions 127-130

流动发现中心 Travelling Discovery Centre 70

旅游市场 tourist market 84-85

伦敦科学博物馆 Science Museum, London 3，4，13，21-22，36，42，45，54-55，59，70，71，81，86，88，94，108，109，114，115，117，126

伦敦自然博物馆 Natural History Museum 88，101，109

L·迪尔金 Dierking, L. 25，108

L·维果茨基 Vygotsky, L. 18，22

M

曼彻斯特 Xperiment!, Manchester 11，86；也见：大曼彻斯特科学与工业博物馆 see also Greater Manchester Museum of Science and Industry

曼哈顿儿童博物馆 Children's Museum of Manhattan 58-59，99，112，124

贸工部 Department of Trade and Industry(DTI) 4，9，48，69

美国博物馆协会 American Association of Museums 5-6

魔术师道路，大英铁路博物馆，约克郡 Magician's Road, National Railway Museum, York 101

慕尼黑德意志博物馆 Deutches Museum, Munich 3

M·博润 Borun, M. 23

M·奎因 Quin, M. 9

M·史波克 Spock, M. 5，19

N

纳菲尔德基金 Nuffield Foundation 4, 9, 68-69

纽卡斯尔探索中心 Newcastle Discovery 86

纽约科学馆 New York Hall of Science 111, 112, 117, 118, 124-125

诺丁汉郡小学科技大篷车 Nottinghamshire Primary Science and Technology Trailers 127-130

N·韦顿 Wetton, N. 48-49

O

欧共体 European Community (EC) 70, 118

欧洲科技与工业展览协作委员会 ECSITE 8-9, 69

欧洲区域发展基金 European Regional Development Fund (ERDF) 71

P

评估 evaluation 45-56；

也见：形成性评估，前端分析，总结性评估 see also formative evaluation, front-end analysis, summative evaluation

P·麦克马纳斯 McManus, P. 24-25, 47

Q

国家福利彩票 National Lottery 10, 11, 71, 72, 74, 85, 134, 139；

也见：艺术彩票基金，文化遗产彩票基金，千禧年委员会 see also Arts Lottery Fund, Heritage Lottery Fund, Millennium Commission

起源 origins 3-8

千禧年委员会 Millennium Commission 10, 15, 16, 71, 127, 139；

也见：国家福利彩票 see also National Lottery

前端分析 front-end analysis 46, 48-51, 54；

也见：评估 see also evaluation

前台工作人员 front-of-house staff 109-119

青少年博物馆协会 Association of Youth Museums 5, 8

"请触摸"博物馆，费城 Please Touch Museum, Philadelphia 58-59, 88, 112, 124

全国流行音乐中心，谢菲尔德 National Centre for Popular

Music, Sheffield 46，71，73

"全体船员"展厅，国家海洋博物馆　All Hands, National Maritime Museum 36，70

全体儿童成员　Kid's Crew 124-125

R

人口趋势　demographic trends 77-78

人力资源管理　human resource management 107-119

容量　capacity 92-97

R·格列高利　Gregory, R. 9，17-18，41；

也见：探索馆　see also Exploratory

R·古尔德史密斯　Goldsmith, R. 69

R·杰克逊　Jackson, R. 22

S

圣伯里家族　Sainsbury family 4，6，9，68，70；

也见：盖茨比基金　see also Gatsby Foundation

设计　design 26-38，39-56

社会语境　social context 22-26；

也见：博物馆学习　see also museum learning

生活健康　Health for Life 48-49

时间限制　time limits 94-95

史密森研究院，华盛顿　Smithsonian Institute, Washington 71

市场　marketing 75-91

市场规划　market planning 75-76

试验台　Test Bed 4

斯尼伯顿发现公园，莱斯特郡　Snibston Discovery Park, Leicestershire 70，86

S·皮泽义　Pizzey, S. 4，9

T

探索发现厅　discovery galleries 35

探索区　Discovery Zone 16，137

特殊事件　special events 120-133

投诉　complaints 104-105

图利别墅博物馆，卡莱尔　Tullie House Museum, Carlisle 90

团体预订　group bookings 97-101

V

V·达菲尔德　Duffield, V. 69-70

W

5岁以下的儿童　children under five 27-28

薇薇安·达菲尔德基金　Vivien Duffield Foundation 69-70

维莱特，巴黎　La Villette, Paris

4, 48, 49, 94, 109, 112

未来发展前景 future developments 134-140

文化遗产彩票基金 Heritage Lottery Fund 71, 139;

也见：国家福利彩票 see also National Lottery

文字描述 text 30-31, 32-34;

也见：设计 see also design

午餐时间管理 lunchtime management 101-102

"物件"展 Things 13, 36, 54-55, 70, 108

物理语境 physical context 26-27

X

细分市场 market segments 82-86

想象力 Imagination 44

新技术 new technology 138-140

形成性评估 formative evaluation 47, 50-51, 103;

也见：评估 see also evaluation

性能评估指标 performance indicators 65-68

需求 demand 77-82

学习风格 learning styles：

麦卡锡，科尔布和格雷戈克 McCarthy, Kolb and Gregorc 19-20

学校功课 SchoolWorks 127

Y

业余时间 leisure time 79-81

艺术彩票基金 Arts Lottery Fund 71, 73;

也见：国家福利彩票 see also National Lottery

印第安纳波利斯儿童博物馆 Indianapolis Children's Museum 5, 19, 58-59, 112, 118, 125, 127

英国互动组织 British Interactive Group（BIG）10, 11, 12, 66, 115

英国皇家研究院 Royal Institution 9, 69;

也见：公众理解科学委员会 see also COPUS

英国科学促进会 British Association for the Advancement of Science 9, 69, 71, 126;

也见：公共理解科学委员会 see also COPUS

英国旅游委员会 English Tourist Board 11

尤里卡儿童博物馆，哈利法克斯

市 Eureka! The Museum for Children, Halifax 10，13，14，29，32-34，43-45，46，48-54，55，57，59-68，69-70，72，81-85，86，87-89，93-97，98-100，101，102，104，105，109，113-114，115，125-126；

也见：V·达菲尔德 *see also* Duffield, V.

娱乐工厂 Fun Factory 137

娱乐星球 Planet Fun 16，137

约克郡考古资源中心 Archaeological Resource Centre, York 14-15，115-116，118

约维克维京中心 Jorvik Viking Centre 94

运营管理 operations management 92-106

Z

早期科学博物馆 early science museums 3-4

展览成本 exhibition costs 73

展览设计 exhibition design 26-38，39-56

展品开发 exhibit development 39-56

芝加哥儿童博物馆 Chicago Children's Museum 58-59

志愿者 volunteers 112，115-116

制图学 graphics 31-32，32-34；

也见：设计 *see also* design

资本融资 capital funding 68-74

资助单位 supporting organisations 8-9，68-71

总结性评估 summative evaluation 47-48，52-54

Hands-On Exhibitions：Managing Interactive Museums and Science Centres，1998
By Tim Caulton / 9780415165228
Copyright © 1998 by Tim Caulton
Authorized translation from English language edition published by Routledge，a member of Taylor & Francis Group.
All Rights Reserved.
本书原版由 Taylor & Francis 出版集团旗下 Routledge 出版公司出版，并经其授权翻译出版。版权所有，侵权必究。
Beijing Normal University Press is authorized to publish and distribute exclusively the Chinese (Simplified Characters) language edition. This edition is authorized for sale throughout Mainland of China. No part of the publication may be reproduced or distributed by any means，or stored in a database or retrieval system，without the prior written permission of the publisher.
本书中文简体翻译版授权由北京师范大学出版社独家出版并限在中国大陆地区销售。未经出版者书面许可，不得以任何方式复制或发行本书的任何部分。
Copies of this book sold without a Taylor & Francis sticker on the cover are unauthorized and illegal.
本书封面贴有 Taylor & Francis 公司防伪标签，无标签者不得销售。
北京市版权局著作权合同登记号：图字 01-2014-4622

图书在版编目（CIP）数据

动手型展览：管理互动博物馆与科学中心／（英）蒂姆・考尔顿著；高秋芳，唐丽娟译．—北京：北京师范大学出版社，2019.4
（科学博物馆学丛书／吴国盛主编）
ISBN 978-7-303-23544-5

Ⅰ.①动… Ⅱ.①蒂… ②高… ③唐… Ⅲ.①博物馆—陈列设计—世界 Ⅳ.①G265

中国版本图书馆 CIP 数据核字（2018）第 041306 号

营销中心电话　010-58805072　58807651
北师大出版社高等教育与学术著作分社　http://xueda.bnup.com

DONGSHOUXING ZHANLAN

出版发行：	北京师范大学出版社　www.bnup.com
	北京市海淀区新街口外大街 19 号
	邮政编码：100875
印　　刷：	北京京师印务有限公司
经　　销：	全国新华书店
开　　本：	787 mm × 1092 mm　1/16
印　　张：	14
字　　数：	186 千字
版　　次：	2019 年 4 月第 1 版
印　　次：	2019 年 4 月第 1 次印刷
定　　价：	58.00 元

策划编辑：尹卫霞		责任编辑：马力敏　欧阳美玲	
美术编辑：王齐云		装帧设计：王齐云	
责任校对：韩兆涛		责任印制：马　洁	

版权所有　侵权必究
反盗版、侵权举报电话：010-58800697
北京读者服务部电话：010-58808104
外埠邮购电话：010-58808083
本书如有印装质量问题，请与印制管理部联系调换。
印制管理部电话：010-58805079